Petra Krivy | Martin Knauder

Schnüffeln macht glücklich

Trainings-Tipps für den gezielten Einsatz der Hundenase

Müller Rüschlikon

IMPRESSUM

Einbandgestaltung: R2 I Ravenstein, Verden

Titelfoto und Foto auf der Rückseite: Michael Siefert

Alle Angaben in diesem Buch wurden nach bestem Wissen und Gewissen gemacht. Für einen eventuellen Missbrauch der Informationen in diesem Buch können weder die Autoren noch der Verlag oder die Vertreiber des Buches zur Verantwortung gezogen werden. Eine Haftung für Personen-, Sach- und Vermögensschäden ist ausgeschlossen.

Aus Gründen der besseren Lesbarkeit verzichten wir auf die gleichzeitige Verwendung der Sprachformen männlich, weiblich und divers. Das bitten wir ausdrücklich nicht als Mangel an Respekt zu verstehen. Sämtliche Personenbezeichnungen gelten gleichermaßen für alle Identitäten.

ISBN 978-3-275-02326-4

Postfach 103743, 70032 Stuttgart
Ein Unternehmen der Paul Pietsch
Verlage GmbH & Co. KG

1. Auflage 2024

Sie finden uns im Internet unter www.mueller-rueschlikon-verlag.de

Gesamtleitung: Claudia König
Innengestaltung: Christine Hahn
Druck und Bindung: Graspo CZ, 76302 Zlin
Printed in Czech Republic

In diesem Video-Clip gibt Martin Knauder eine kurze Zusammenfassung zu diesem Buch und erzählt was Sie erwartet.

Wenn Sie die **QR-Codes mit Ihrem Handy scannen**, gelangen Sie zur Übersicht aller im Buch enthaltenen Video-Clips. Alternativ können Sie auch folgenden Link nutzen:
https://mein.mueller-rueschlikon.de/42326/

INHALT

1 WIE ALLES WURDE, WAS ES IST

Martin Knauder

Aufgewachsen bin ich auf den weitläufigen Wiesen und Hügeln des schönen Schwabenlandes und Tiere waren von klein auf meine besten Freunde und ständigen Begleiter. Mit Begeisterung und Arbeitseifer besuchte ich den benachbarten Bauernhof, vermutlich fühlte sich der Bauer des Öfteren etwas genervt, doch mit gutmütigem Schmunzeln und stoischer Geduld ließ er meine tausend Fragen nach dem Wie, Warum und Wann über sich ergehen.

So lernte ich schon früh, wie man sich behilft, eventuell improvisiert, um schnellstmöglich eine Lösung erreichen zu können, wenn mal wieder etwas nicht funktionierte. Ich lernte viele unterschiedliche Bereiche kennen, was mich zu einem Menschen hat werden lassen, der durchaus als „Allrounder" bezeichnet werden kann. Das sage ich ohne Arroganz, aber durchaus mit Stolz. Denn für unseren ersten Prototypen war ich es, der sich an die Nähmaschine setzte. Aber nun greife ich der Geschichte etwas vor ...

Als ich älter wurde, lebte unsere Familie immer mit einem Familienhund. Diese schöne Tradition führten meine Frau Brigitte und ich gerne weiter, als wir selber Kinder hatten.
2011 zog die Australian-Shepherd-Hündin Josie bei uns ein – und ich möchte sagen, ab da veränderte sich unser Leben. Nachdem Josie mit ihren zarten 3 Monaten bereits versuchte, die „Weltherrschaft" an sich zu reißen, war mir ganz schnell klar, dass nun die Erziehung unbedingt starten musste.

Klassisch besuchten wir zunächst einmal eine Hundeschule bei uns im Ort. Mein Bauchgefühl sagte mir aber sehr schnell, dass die hier angewandten Erziehungsmethoden für uns nicht die richtigen waren. Weiter führte mich mein Weg in einen Hundeverein. Hier lernten wir nun die „Basics", aber irgendwie genügte mir das nicht, ich suchte nach mehr für Josie und mich, obwohl mir noch nicht ganz klar war, worin dieses „Mehr" bestehen konnte/sollte. Aber eines war sicher: ich war wissenshungrig rund um den Hund.

Josie als Welpe

Also entschloss ich mich, selber eine Ausbildung zum Hundetrainer zu absolvieren. Im Laufe dieser Ausbildung kristallisierte sich für mich ein Thema immer weiter heraus: das Wunderwerk Hundenase und deren grandiose Fähigkeiten!

Natürlich wissen wir alle, dass Hunde im Vergleich zum Menschen eine größere Riechfläche haben und auch bedeutend besser riechen können. Aber dass sich über das Schnüffeln auch eine Möglichkeit der Steuerung des Verhaltens, damit auch eine Steuerung der Emotionen, ergeben kann, war mir vollkommen neu: Neuere Studien belegen die Notwendigkeit des Schnüffelns für Hunde und präsentierten die positiven Ergebnisse der dabei ablaufenden Prozesse. Durch die erhöhte Lungentätigkeit wird mehr Sauerstoff aufgenommen. Die Anregung des Kreislaufs, der Blutzirkulation und des Speichelflusses führen zu einer Belebung der Stoffwechseltätigkeit. Durch die Stimulation des Jacobsonschen Organs, welches im Mundraum des Hundes zu finden ist, werden Hormone freigesetzt. Dieses Zusammenspiel von aktivierten Hormonen, sensibilisiertem Nervensystem und angeregter Stoffwechseltätigkeit begünstigt das Wohlbefinden des Hundes und den Stressabbau. Ausgeglichenen, entspannten Hunden gelingt es leichter, die Herausforderungen des Alltags gelassen zu meistern.

Ich vertiefte mich immer weiter in dieses Thema und zeichnete während des Unterrichts bereits die ersten Skizzen für eine Art „Werkzeug", das ich in meinem Training zum Einsatz bringen könnte und mit dessen Hilfe ich Zugang zu einem schnüffelnden Hund bekäme. Meine Idee: Eine gut bedienbare, begrenzte Fläche, auf der ich den Hund ganz gezielt zum Schnüffeln animieren kann und damit das positive, durch das Schnüffeln ausgelöste Verhalten aktiviere. Durch die Ausschüttung entsprechend positiv wirkender Hormone gelingt der Zugang zu gestressten, ängstlichen und aggressiven Hunden.

Und nun kommt sie ins Spiel – die Nähmaschine. Ich nähte erste Muster, die aussahen wie eine Fransendecke. Die verwendete ich zum Verstecken von Leckerlis, um den Hund so zum Schnüffeln zu animieren. Diese Decke stellte ich meinen Ausbildungskolleginnen und -kollegen vor. Da fast alle meinen Prototypen sofort kaufen wollten, war ich mir nun absolut sicher, dass ich ein wirklich wertvolles Trainingstool entwickelt hatte.

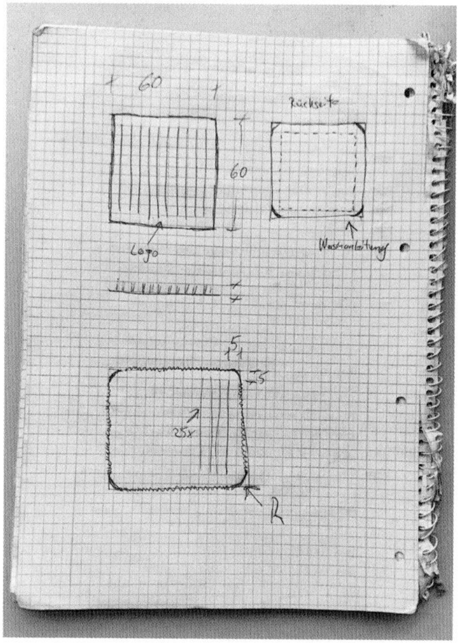

Martin ist zwar kein guter Zeichner, aber das Ergebnis kann sich sehen lassen.

Soweit hatte ich bis zu diesem Zeitpunkt überhaupt nicht gedacht. Also fragte ich meine Frau Brigitte, ob sie sich vorstellen könne, mit mir gemeinsam eine Firma für Schnüffeltools für Hunde aufzubauen. Meine Frau war von der ersten Minute an begeistert und ihre Antwort lautete „Ja"!

Alle Produkte werden gründlich getestet.

Ich stürzte mich sofort in die Entwicklung und begann, verschiedene Materialien für den Schnüffelrasen zu suchen. Ich überlegte nochmals, was dieses Produkt alles können sollte und welche Voraussetzungen es bieten musste, wenn viele unterschiedliche Hunde darauf herumschnüffelten.

Die Materialsuche ging von Jeansstoff über Filz und Leder, bis wir den Polarfleece fanden, der für mein Produkt letztendlich die besten Voraussetzungen bot. Am wichtigsten waren zunächst die Strapazierfähigkeit, das benötigte Volumen, gute Pflegeeigenschaften und natürlich die bedingungslose Verträglichkeit für und mit der empfindlichen Hundenase. So war auch eine der größeren Herausforderungen die Suche nach einem schadstofffreien und Öko-Tex zertifiziertem Material.

Nachdem auch diese Hürde genommen war, konzentrierte ich mich nun auf die Details des Schnüffelrasens, wie z.B. die Länge und Anordnung der Fransen, die Größe der zu bespielenden Fläche, sollte sie doch für alle Hunde gleich ergiebig sein, sowie das benötigte Gewicht und Volumen für ein erfolgreiches Schnüffelerlebnis. Mein Büro wandelte sich zu einem Stofflager und einer kleinen Näherei. Ich saß an der Nähmaschine und jeder Entwurf wurde unmittelbar von unserer Josie auf Herz und Nieren getestet.

Schon bereits bei diesen Probeläufen stellte ich positive Veränderungen bei Josie fest! Sie wurde zugänglicher, zufriedener, entspannter und insgesamt ruhiger – und schien einfach noch glücklicher zu sein! Ich freute mich, dass ich offenbar auf dem richtigen Weg war.

Nachdem einige Prototypen entstanden waren, habe ich für mich eine eigene kleine Studie mit fremden Hunden durchgeführt. So war es mir möglich, die wichtigsten Attribute herauszuarbeiten und zu optimieren und die ideale Größe festzulegen. Und da war er nun: Unser Schnüffelrasen.

Parallel dazu entwickelte ich bereits das nächste Pad. Es sollte die kognitiven Fähigkeiten des Hundes fordern und fördern und die Intensivierung der Hund-Mensch-Beziehung unterstützen. Wir nannten es Sniffpad.

Beim Sniffpad werden die Leckerlis in Taschen versteckt. Im Gegensatz zum Schnüffelrasen, wo die Leckerlis leicht aufgenommen werden können, ist es beim Sniffpad nun die Aufgabe des Hundes, einen Lösungsweg zum Leckerli zu finden. Das ist nicht immer ohne Unterstützung des Menschen möglich, denn die Hunde werden vielleicht ungeduldig, sollte der Lösungs-

Josie, meine treue und kritische Produkttesterin.

weg zu schwer sein oder das Erreichen des Leckerlis zu lange dauern.

Bei dieser gemeinsamen Leckerlisuche kann der Mensch erkennen, wann er eingreifen sollte. Er unterstützt seinen Vierbeiner bei der Suche nach dem Lösungsweg zum Leckerli. Dabei lernt der Vierbeiner auf spielerische Art und Weise, dass ihm in Situationen, die er nicht alleine lösen kann, Herrchen oder Frauchen weiterhelfen können. Diese gemeinsame Beschäftigung stärkt das Vertrauen und vertieft die Hund-Mensch-Beziehung.

Da ich, Martin, meine ersten Produkte, den Schnüffelrasen und das Sniffpad, in erster Linie als „Werkzeuge" für mich sah, war der Name für unser Unternehmen dann auch schnell gefunden – „doggytools – Werkzeuge für das Hundetraining".

Durch den Einsatz des Schnüffelrasens bei meinem Hundetraining erhielt ich zusätzliche Bestätigung für meine Beobachtungen, die ich zuvor bei Josie gemacht hatte. Deutlich positive Veränderungen im Verhalten wurden durch das Schnüffeln bei den Hunden herbeigeführt. Da war mir klar, wir müssen größer denken! Diese Glücksgefühle, die da offensichtlich bei Mensch und Hund entstehen, und die Freude, die die Hunde beim Schnüffeln haben, sollte allen Hundehaltern und ihren Vierbeinern ermöglicht werden. Ich wollte, dass alle unseren Schnüffelrasen kennenlernen und die Hunde sich glücklich schnüffeln können. Aber wie stellt man so etwas an?

Unser altes Logo „Doggytools".

Ich fasste mir ein Herz und machte einen Termin in dem Laden, wo wir unser Hundezubehör einkauften, um unsere Produkte dort vorzustellen. Frau Mäule, die Inhaberin, die immer auf der Suche nach innovativen Neuigkeiten ist, war ziemlich begeistert und lud mich sofort zu einer Produktvorführung ein. Aufgrund der positiven Resonanz durch ihr Team und die Kunden, bestellte sie den Schnüffelrasen und das Sniffpad für ihren Laden. Es folgte dann die erste Fachhändlermesse, wo wir damals, in einer Zeit, zu der der Schnüffel-Hype noch nicht absehbar war, mit unseren Schnüffeltools als ziemliche Exoten belächelt wurden. Aber wir zeigten Durchhaltevermögen!

Nicht nur Hunde haben Spaß an der Futtersuche!

Nach und nach wuchs die Zahl der zufriedenen Kunden und auch die der Abnehmer aus dem Fachhandel nahm stetig zu. Wir erhielten zahlreiche Fotos und Videos, die zu unserer Überraschung nicht nur Hunde beim Schnüffeln auf unserem Schnüffelrasen zeigten. Katzen, Frettchen, Pferde, Papageien, Waschbären und sogar Schlangen durchsuchten das dichte Fleece-Fransengewirr nach ihren kleinen Belohnungen.
Das war der Moment, als wir ernsthaft über eine Namensänderung nachdachten, denn offensichtlich beschränkte sich unsere Zielgruppe nicht nur auf Hunde! Wir streben danach, für Tiere und ihre Menschen nur das Beste zu bieten: Schnüffelspielzeuge aus gesundheitlich unbedenklichen und hochwertigen Materialien, die durchdacht, langlebig sowie sowohl fordernd als auch fördernd konzipiert sind.

So wurde aus „doggytools“ schließlich „Knauder’s Best“. Wir sind überzeugt, dass dieser Name unsere Intention am treffendsten widerspiegelt.

Brigitte Knauder

Nun habe ich genug von mir erzählt. Jetzt habe ich das Vergnügen, Ihnen das Beste von Knauder‘s Best vorzustellen: meine Frau Brigitte. Was ich gleich vorneweg sagen möchte: „Ohne meine Frau läuft gar nichts.“

Ich lernte meine Frau schon während ihrer Ausbildung zur Handelsassistentin im Jahr 1992 kennen. Zwei Töchter und unser Hund Josie machten unser Glück vollkommen. Seitdem begleitet sie mich durch mein turbulentes Leben und ist das Schönste an meiner Seite.

Bei Knauder‘s Best übernimmt sie vorwiegend die administrativen Tätigkeiten. Sie ist das Bindeglied zu unseren Dienstleistern, pflegt die Kontakte zu unseren Kooperationspartnern und Endkunden, ist verantwortlich für die reibungslosen Abläufe beim Wareneinkauf und dem Export und, und, und ....
Und zu guter Letzt ist auch sie es, die mich einbremst, wenn mein Erfindergeist und mein Enthusiasmus wieder einmal überschießen und ich damit alle zeitlichen Rahmen sprenge.

Diashow Rückblick der letzten Jahre bei Knauder‘s Best.

Brigitte und Martin Knauder mit Lilli.

2 WUNDERWERK HUNDENASE

Mit bis zu 220 Millionen Riechzellen und ca. 300 Atemzügen pro Minute, steht der Hund ungeschlagen auf Platz 1 der Profischnüffler. Auf Platz 2 folgt die Katze – und abgeschlagen auf den hinteren Rängen der Mensch mit gerade mal rund 5 Millionen Riechzellen.

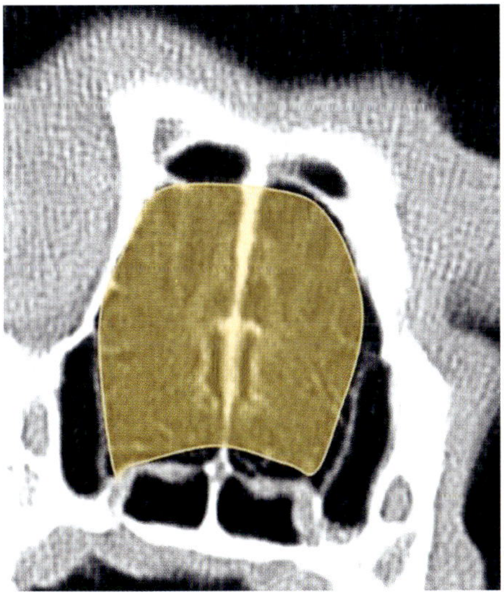

Kernspintomographie eines menschlichen Riechkolbens (unten) im Vergleich zum Riechkolben eines Hundes (oben).

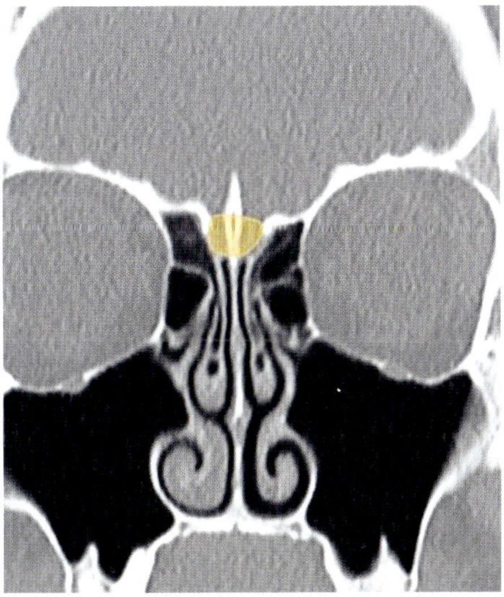

Was die Hundenase alles „drauf hat", das ist wirklich spektakulär! Und selbst heutzutage gibt es immer wieder neue Erkenntnisse. Wer sich hier eingehender informieren mag, dem sei das hervorragende Buch „Die Sinne des Hundes" von Brigitte Rauth-Widmann (siehe Literaturliste) wärmstens ans Herz gelegt.

Einer der interessantesten Aspekte ist sicher der, dass der Hund seine Nase gezielt einsetzen kann, um aus verschiedenen Richtungen Gerüche zu identifizieren. Er ist Meister darin, mehrere Gerüche gleichzeitig aufzunehmen, sie beim Ein- UND Ausatmen (auch das ist nämlich wichtig für die generelle Riechleistung!) voneinander zu unterscheiden und zuzuordnen bzw. sie zu katalogisieren. Jeder Duft bekommt „sein" eigenes Merkmal, welches der Hund entsprechend abspeichert. So gewinnt jeder Duft seinen individuellen Wiedererkennungswert. Und sogar jedes Nasenloch hat eigene „Aufgaben" und ist wichtig, um die Information in die eine oder andere Gehirnhälfte zu transportieren und dort weiterzuverarbeiten. (Siehe Rauth-Widmann, 2014)

Gemeinsames Tun schafft Verbundenheit und Vertrauen.

Das Geruchsempfinden des Hundes leistet große Prägungsarbeit. „Mit seinem ersten Atemzug nimmt der Welpe das gesamte Geruchsspektrum seiner direkten Umgebung in sich auf." (Rauth-Widmann, S. 35)

Auch die sozialen Reaktionen werden vom Geruch beeinflusst und das Verhalten darauf abgestimmt. Kennen doch auch wir Menschen die Tatsache, dass wir wen „nicht riechen" können oder im anderen Fall bei bestimmten Gerüchen ein warmes Gefühl im Herzen verspüren. Ebenfalls verknüpft der Hund – wie wir Menschen auch – Gerüche mit Situationen und Orten, mit bestimmten Lebewesen und ihren Verhaltensweisen oder Objekten, mit positiven wie negativen Erlebnissen. Diese Tatsache ist besonders bei Angsthunden mit zu berücksichtigen!

Für die meisten Hunde gilt wahrscheinlich, dass sie durch zahlreiche verschiedene Möglichkeiten die Umwelt zu erforschen und zu erschnüffeln sicherer, ausgeglichener und entspannter werden. Es gibt jedoch auch Hunde, die mit einem Überangebot an Reizen, insbesondere wenn diese ständig wechseln, einfach überfordert sind. Hunde, die immer nur die gleichen Runden laufen oder den größten Teil ihrer Zeit auf einem Grundstück verbringen, also nicht die Möglichkeit haben, viele unterschiedliche Gerüche aufzunehmen und kennenzulernen,

sind mit großer Wahrscheinlichkeit in unbekannten Gefilden unsicherer bis ängstlich. Wer zeitlebens in einer abgeschiedenen Almhütte lebt, der empfindet die plötzliche Verbringung in eine pulsierende Großstadt mit dem Überangebot an optischen, akustischen und olfaktorischen Reizen mit größter Wahrscheinlichkeit als verstörend, verunsichernd und belastend und weiß vorerst keine Vorteile zu erkennen, geschweige denn zu schätzen! Man spricht nicht umsonst von einer Umweltprägung. Nicht wenige Hunde zeigen dann ihre Stressbelastung durch vermehrtes Bellen oder möglicherweise auch durch aggressive Verhaltensweisen, wenn sie sich außerhalb ihrer gewohnten Umgebung befinden.

Doch sollte daraus kein pauschales Gebot zu Jubel und Trubel im Hundealltag verstanden werden! Es gibt nämlich durchaus auch die andere Seite, nämlich die Hunde, denen aufgrund ihrer Persönlichkeitsstruktur oder ihrer Lebensumstände (Tierschutzhunde, Senioren o.a.) Routinen und gleichgeartete Rituale Sicherheit geben, wo Abwechslungen und Neues nur wohldosiert und mit Bedacht geboten werden sollten. Doch auch ihnen bietet das Schnüffeln einen Erlebnishorizont, den sie gern genießen!

Es ist ähnlich wie bei Menschen: Manche reisen viel, ausgiebig und gern. Dabei nehmen sie viele Eindrücke auf, lernen Land, Leute und Gebräuche

Das Beriechen der Analregion ist ein wichtiges Element von Kommunikation und vermittelt viele Informationen.

kennen und möglicherweise auch anders einzuschätzen und zu bewerten als zuerst gedacht. Sie werden in der Folge Neuem gegenüber aufgeschlossener, mutiger und entspannter in ihnen unbekannten Situationen und profitieren von einem immer größer werdenden Erfahrungspool. Und dann gibt es eben auch die Menschen, die lieber zuhause bleiben, sich mit einem Buch in den Garten setzen und allein die Ruhe genießen oder maximal eine Fahrradtour oder Wanderung in der näheren Umgebung machen – und dabei glücklich sind.

Auch bei Hundebegegnungen spielt die Nase eine wichtige Rolle: Wird das Zusammentreffen freundlich, zurückhaltend, eher aggressiv oder sogar beängstigend verlaufen? Die feinen, hochsensibel ausgebildeten Riechzellen erfassen sofort, in welcher Gemütsverfassung sich der andere Hund befindet.

Aus den Hinterlassenschaften der anderen ermittelt der Hund, in welchem Territorium er sich momentan bewegt, wie viele Hunde hier unterwegs sind, ob die hier vorbei spazierenden Artgenossen männlich, weiblich, jung oder alt sind, eher schüchtern oder selbstbewusst, ob Hunde mit Krankheiten dabei waren oder eine läufige Hündin. Diese ganzen Informationen kann die Hundenase aufgrund der unterschiedlichen Zusammensetzungen des Urins und sonstiger Ausscheidungen aufnehmen und differenzieren – das alles geschieht in Sekunden und ohne die volle Leistungskapazität der Nase auszuschöpfen. Nebenher nimmt der Hund weiterhin die anderen Gerüche im Umfeld wahr. Wäre dies nicht der Fall, liefe er Gefahr, z.B. bei der Jagd, möglicherweise selbst zu Schaden zu kommen.

Doch wie erkennt man als Hundehalter eigentlich, ob man einen wirklichen Schnüffelprofi vor sich hat oder nicht? Als Faustregel gilt: je länger die Hundenase umso höher im Ranking des Schnüffelolymps. Es ist erwiesen, dass Hunde mit langen Nasen eine genetisch bessere Veranlagung zum gezielten Riechen besitzen als Hunde mit kurzen Nasen. Dennoch kann sich (fast!) jeder Hund zum Experten entwickeln.

Wie beim Sport: Werden Muskeln nicht trainiert, erschlaffen sie und bleiben in der Funktion unter ihren Möglichkeiten. Vergleichbar verhält es sich mit der Hundenase: Wird sie nicht trainiert, erfüllt sie selbstverständlich weiterhin ihre Funktion, bleibt aber auf ihrem spezifischen Level.

Da Schnüffeln eine angeborene Eigenschaft ist und den Hund mit Freude, Entspannung und Wohlbefinden erfüllen kann, lohnt es sich, die Hundenase mit gezieltem Schnüffeltraining zu fördern.

So gelingt es schon mit geringem Aufwand, dem vierbeinigen Freund Spaß im Alltag zu ermöglichen, indem man hier und da ein kleines gemeinsames Schnüffelspiel einbaut. Manchmal reicht es, dazu eine Handvoll kleiner Leckerlis in der Wohnung zu verstecken und dann mit seinem Vierbeiner gemeinsam auf Entdeckungstour durch die eigenen vier Wände zu gehen.

Sinnvoll und hilfreich sind aber die professionellen Schnüffelpads und -teppiche, mit denen man Schnüffelspiele regelrecht timen kann. Für ein intensives Schnüffelspiel ist eine Dauer von 7–10 Minuten völlig ausreichend und es stellt bei Schmuddelwetter oder auch Erkrankung (!) eine perfekte Alternative dar, wenn der Spaziergang einmal kürzer ausfallen muss.

Schnüffeln macht den Meister.

3 WAS PASSIERT DENN DA BEIM SCHNÜFFELN?

Beim Schnüffeln werden Hormone, genauer gesagt Hormoncocktails, freigesetzt. Diese Hormonausschüttung ist für die Arbeit als Hundetrainer sehr nützlich, da sie das Verhalten der Hunde beeinflusst. Die Wirkung von Hormonen wie Oxytocin, Dopamin, Serotonin und Endorphinen, um nur einige zu nennen, erleichtert den Zugang selbst zu gestressten oder ängstlichen Hunden und vereinfacht die Kontaktaufnahme.

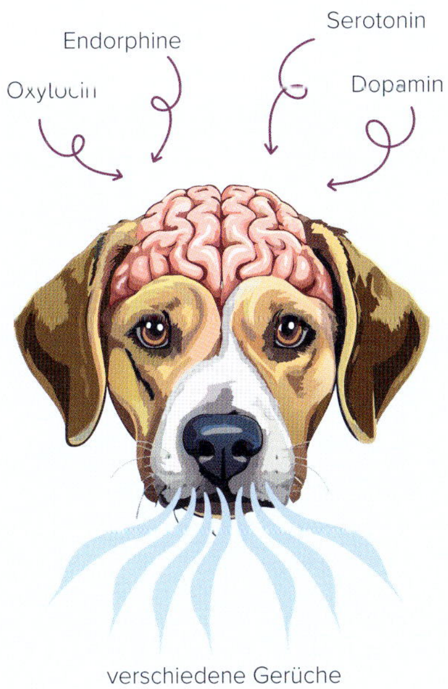

Durch das Schnüffeln werden verschiedenste Hormoncocktails im Gehirn zusammengemischt, die glücklich, zufrieden und entspannt machen können.

Was passiert beim Schnüffeln?

Kontaktaufnahme über die Nase.

Hier ein kurzes **Praxisbeispiel** von einer Knauder's Best Schnüffelparty:

Eine sehr engagierte und aufgeschlossene Hundehalterin nahm mit ihrem Labrador teil. Sie warnte alle Anwesenden schon von weitem und bat, es solle bitte niemand dem Hund zu nahekommen, denn er hätte große Angst. Besondere Probleme bestünden bei Begegnungen mit fremden Männern. Deutlich konnte Martin die Anspannung während der Veranstaltung spüren, sobald er sich ihrem Platz und ihrem Hund näherte.

Am Ende der Schnüffelparty ermunterte er sie, einen Versuch mit ihm zu wagen. Dazu legte er seinen Schnüffelrasen auf den Boden und verteilte auf der Oberfläche schnell und leicht erreichbare Leckerlis. Dann strich er mit seinen Händen nochmals über den ganzen Schnüffelrasen.

Während der Vorbereitung des Rasens wartete die Frau mit ihrem Hund an der Leine in kurzer Entfernung. Martin entfernte sich etwas vom Schnüffelrasen und gab ihn somit für den Hund frei. Dieser stürzte sich – ganz „Labi-like" – begierig auf den, ihm ja bereits durch die letzten 1,5 Stunden der Veranstaltung bekannten und mit positiven Gefühlen verknüpften, Schnüffelrasen. Das war nun die erste Kontaktaufnahme, denn der Hund hatte die Möglichkeit, in dem von Martin angefassten „Rasen", in den er die kleinen Belohnungen versteckt hatte, seinen Geruch aufzunehmen und ihn kennenzulernen. Der erste Schritt war getan!

Nach der nächsten Befüllung des Schnüffelrasens blieb Martin einfach neben dem Rasen knien. Dieses Mal näherte sich der Hund etwas zögerlicher, aber nachdem er mit dem Schnüffeln begonnen hatte, verringerte sich seine ängstliche Zaghaftigkeit. Und er kam Martin bereits recht nahe. Martin widmete sich nun gezielter dem Hund und ging mit ihm gemeinsam auf Leckerlisuche. In trauter Zweisamkeit bearbeiteten sie zusammen den Schnüffelrasen. Dabei teilte Martin seine „Beute" mit dem neuen Freund.

Und wie endete der Versuch?
Da war eine überglückliche Hundebesitzerin mit Tränen in den Augen und ein ebenso glücklicher und auch etwas stolzer Hundetrainer, dem es gelungen war, Zugang zu diesem überaus sensiblen und verängstigten Hund innerhalb einer kurzen Zeitspanne zu erhalten! Der Hund wirkte ruhiger, in Bezug auf Martin (fremde Männer waren vorher per se gruselig!) durchaus offener und reagierte mit einem ihm bislang unbekanntem Zutrauen.

Glücksmomente zu zweit (+ gefühlte 3000 Mosquitos).

Wie war das nur möglich? Grenzte das an ein Wunder? Manchen Menschen mag es als solches erscheinen. Es war der Hormoncocktail, der es dem Hund ermöglichte, seinen Paniktunnel zu verlassen und zu realisieren, dass von dem Gegenüber hier in dieser Situation keine Gefahr ausgeht. Die Kombination von Glücks- und sonstigen Hormonen waren der Schlüssel für die entstehende Beziehung und das aufgebrachte Vertrauen.

Auch bei uns Menschen wirken solche Hormone. Stellen Sie sich vor, Sie betreten einen Raum und es duftet nach frisch gebackenen Plätzchen. Vanillearomen erfüllen den Raum, vielleicht riecht es wie bei Oma in der Weihnachtsbäckerei. Sofort wird sich bei Ihnen ein heimeliges Wohlgefühl einstellen, denn auch bei Ihnen kommt es jetzt zu einer Ausschüttung von Oxytocin.

Und genau dieses Wohlgefühl schenkt uns einen Augenblick Entspannung und Glück! Auch wir bauen in diesem kurzen Moment, hervorgerufen durch einen für uns positiv besetzten und abgespeicherten Geruch, Stress ab.

Das ist natürlich sehr vereinfacht erklärt, aber letztendlich ist es gerade diese Einfachheit und die spielerische Leichtigkeit der Umsetzung derartiger gemeinsamer Schnüffeleinheiten, die eben die Schnüffeltools so genial machen. Und wie im geschilderten Fallbeispiel, so gibt es viele Situationen im Alltag, die mit Hilfe von Schnüffeltools trainiert oder, wenn als Problem empfunden, erleichtert bis aufgelöst werden können. Einige anschauliche Beispiele geben wir im voranschreitenden Text bei den Fallbeispielen und den konkreten Anwendungstipps.

4 RUND UMS SCHNÜFFELN

4.1. Schnüffeln als Belohnung

Wie können wir das Schnüffeln z.B. als Belohnung einsetzen und warum?
Wir möchten hier gern ein Fallbeispiel bringen:

Aufgabe des Hundes > er soll auf Kommando einen Gegenstand bringen:

Wollen wir nun das Schnüffeln als Belohnung einsetzen, bekommt der Hund nach erfolgreicher Ausführung der Aufgabe und nach Abgabe des entsprechenden Gegenstands seine Belohnung, also das Leckerli, nicht direkt vorgehalten, sondern darf es sich erschnüffeln. Die damit erzielte Verzögerung auf dem Weg zum Leckerli steigert dessen Wertigkeit um ein Vielfaches. Aber warum ist das so?

Der Hund riecht das versteckte Leckerli natürlich schon und weiß, dass er eine Belohnung für die Erfüllung seiner Aufgabe erhalten wird. Durch die Zeitspanne, die das Erschnüffeln benötigt, und die daraus resultierende verzögerte Leckerligabe, haben die Glückshormone mehr Zeit, um in den Kreislauf zu gelangen – und die Phase der Vorfreude dauert länger an.

Vergleichbar ist diese Vorfreude vielleicht mit der menschlichen Vorfreude an Weihnachten, wenn z.B. alle andächtig vor dem Baum stehen, unter dem viele wunderschön verpackte Geschenke darauf warten, ausgepackt zu werden. Auch beim Menschen kommt es hierbei zu einer Hormonausschüttung, was auch zu einer Steigerung der Glücksgefühle führen kann.

Der Hund ist im Sitz-Bleib und schaut, was da passiert.

Der Sniffstar wird geworfen, der Hund muss warten.

Mit entsprechender Erlaubnis darf er sich das begehrte Objekt holen.

Beim Menschen und mit dessen Hilfe gibt es die ersehnte Belohnung!

Nun zurück zu unseren Vierbeinern: Für das Erschnüffeln als Belohnung können vorbereitete (also bereits mit Leckerlis befüllte) Schnüffeltools verwendet werden. Erfolgt das Bring-Spiel in der Natur wäre es auch möglich, die Leckerlis auf die Wiese zu werfen. Allerdings motiviert man dann dadurch auch den Hund, Dinge vom Boden aufzunehmen und zu fressen, was nicht ungefährlich sein kann. Deshalb wäre es bei solcher Vorgehensweise sinnvoll, VORHER und gründlich ein entsprechendes Kommando zu etablieren, welches dem Hund das Suchen UND Fressen erlaubt!

Das Ergebnis ist dasselbe, denn auch hier führt dann die Zeitverzögerung und die damit verbundene Hormonausschüttung und Selbstbelohnung zur Steigerung der Wertigkeit der Belohnung für die vorangegangene Lösung der Aufgabe.

TIPP

Findet die Leckerlisuche auf einer Wiese statt, sollte beim Werfen der Leckerlis darauf geachtet werden, dass sie in einem schönen Bogen gut verteilt landen. Schnüffeln als Belohnung setzt schon ein wenig Schnüffelerfahrung voraus, deshalb ist es für Hunde im fortgeschrittenen Trainingsstadium gut geeignet. Für Einsteiger reicht es schon aus, nach Abgabe des Apportels das belohnende Leckerli über die kurze Distanz direkt vor den Hund zu werfen und ihn so für das Lösen der Aufgabe zu belohnen. Wichtig ist beim Aufbau des Trainings die schnelle Erreichbarkeit des Leckerlis.

EMPFEHLUNG

Da auch die Leckerlisuche trainiert werden will, empfehlen wir, die Übungen, zumindest am Anfang, alleine durchzuführen. Andere Hunde bedeuten Ablenkung und zusätzliche Herausforderung.

Ganz egal, wo geschnüffelt und wo die Leckerlisuche als Belohnung eingesetzt wird, der Erfolg des Erschnüffelns von Leckerlis muss auf jeden Fall sichergestellt sein.
Je nach Schwierigkeitsgrad der gestellten Aufgabe können natürlich auch die Art und die Anzahl der zur Belohnung verwendeten Leckerlis variiert werden.

4.2. Schnüffeln zur Entspannung/Beschäftigung

Da Schnüffeln den Hund sowohl geistig als auch körperlich fordert, ist es die ideale Möglichkeit, um Hunde artgerecht zu beschäftigen. In den meisten Fällen wird der Vierbeiner mit größtem Engagement und Freude bei der Leckerlisuche dabei sein.

Nicht nur bei kaltem oder schmuddeligem Wetter sind Schnüffelspiele mit dem Vierbeiner ein abwechslungsreicher Zeitvertreib, auch an sehr heißen Sommertagen bieten sie eine tolle Spieleinheit für zwischendurch, wobei gerade dann für ausreichend Wasser gesorgt werden muss, denn Schnüffeln macht nicht nur glücklich, sondern auch durstig. Die Beschäftigung mit Schnüffeltools oder

Schnüffeltools machen Schnüffelspiele bei jedem Wetter möglich.

das Legen von Schnüffelparcours, die durch die Wohnung verlaufen, eignet sich auch hervorragend für kranke, alte oder Hunde, die durch irgendeine Art von Handicap eingeschränkt sind. Oder auch für ebensolche Menschen, die ihren Hunden gerade keinen größeren Auslauf bieten können und dadurch eine angenehme Alternative haben!

Schnüffeln ist aber nicht nur eine Möglichkeit zur Beschäftigung, es bietet noch viel mehr! Durch die beim Schnüffeln zustande kommende Hormonausschüttung wird Stress abgebaut, die verstärkte Atmung kräftigt die Muskulatur und es trägt zum allgemeinen Wohlbefinden des Hundes bei.

Nebenbei stärkt es auf spielerische Art und Weise die Hund-Mensch-Beziehung, beeinflusst positiv die Bindung und schafft Vertrauen. Besonders unsichere, ängstliche oder nervöse Hunde können von dieser Art der gemeinsamen Beschäftigung sehr stark profitieren.

Die bekanntesten Arten von Schnüffelspielen sind:

1. Das Legen eines Schnüffelparcours durch die Wohnung, bei dem die Leckerlis unter Kissen, auf Regalen, in Körben, etc. versteckt werden.
2. Der Einsatz von Spielzeugen aus Holz oder Kunststoff, bei denen es oftmals darauf ankommt, den richtigen Knopf zu drücken, den passenden Schieber zu betätigen oder das richtige Hütchen umzudrehen, um an das Leckerli heranzukommen.
3. Außerdem gibt es Schnüffelbälle, Schnüffelmatten, Schnüffelrasen und Activity-Matten.

Der Unterschied besteht bei diesen Produkten in der Anwendung und in den Versteckmöglichkeiten für die Leckerlis. Während es bei Schnüffelteppichen und dem Schnüffelrasen darauf ankommt, die kleinen Belohnungen in einem Fransenteppich zu erschnüffeln, kommt es bei den Schnüffelpads oder Activity-Matten darauf an, den Lösungsweg zum Leckerli zu finden. Hier sind also die Kreativität und die Ausdauer des Vierbeiners gefragt. Er wird kognitiv gefordert und gefördert.

Und da der Lösungsweg möglicherweise für den Hund nicht schnell genug alleine zu erschließen ist, ist es wichtig, diese Art von Suchspiel nur gemeinsam zu unternehmen. Denn signalisiert nun der Vierbeiner, durch Blickkontakt, aufgeregte oder hektische Bewegungen oder den Einsatz der Pfoten, dass seine Frusttoleranzgrenze nun erreicht ist, ist es extrem wichtig, sofort einzugreifen und dem Hund den möglichen Lösungsweg aufzuzeigen. Durch dieses intensive Zusammenspiel zwischen

Bindungsaufbau durch gemeinsame Schnüffelspiele.

Schnüffelspaß für zwischendurch.

Mensch und Hund wird die Bindung eine ganz neue Qualität erfahren.

Weitere Möglichkeiten, den Hund über die Nase zu fordern, sind die bereits erwähnten Schnüffelparcours, vielleicht auch mal im Garten, oder Schnüffelspaziergänge, bei denen die Leckerlis an der Baumrinde, zwischen Holzstapeln (genau darauf achten, dass jegliche Verletzungsgefahr ausgeschlossen ist!), im Moos o.a. versteckt werden können. Auch hierbei ist es möglich, Schnüffeltools wie Sniffroll, Sniffstar oder ein kleines Sniffpad Elements Single mit einzusetzen. Das macht vor allem dann Sinn, wenn man seinem Hund das Aufnehmen von Fressbarem vom Boden (Achtung: Giftködergefahr nimmt stetig zu!) gar nicht erst – im wahrsten Sinne des Wortes! – schmackhaft machen möchte.

BITTE BEACHTEN

Es wurde festgestellt, dass bereits 7–12 Minuten intensives Schnüffeln den Hund ebenso fordert, wie ein einstündiger Spaziergang.

Also müssen wir kein schlechtes Gewissen haben, wenn unsere Gassirunde einmal etwas kürzer ausfällt, weil es in Strömen regnet, Temperaturen wie im Backofen herrschen, Hund oder Mensch ein Handicap hat oder wir einfach das Gefühl haben, wieder einmal in Arbeit zu ertrinken. Diese kurze, aber intensive Spieleinheit zwischendurch ist für die Fellnase auch mal völlig ausreichend.

4.2.1. Schnüffelspaziergänge

Um Spaziergänge abwechslungsreich und spannend zu gestalten, nutzen Sie einfach, was die Natur so zu bieten hat.

1. In Steinmauern, auf Felsen oder an größeren Steinbrocken können die Leckerlis in den Spalten und Ritzen auf verschiedenen Ebenen versteckt werden.

2. Die Zwischenräume von bearbeiteten Holzstapeln bieten wunderbare Verstecke für Leckerlis. Auch hier können die Leckerlis wieder in unterschiedlichen Ebenen versteckt werden, so dass sich der Hund entweder recken oder sich vielleicht sogar auf die Hinterläufe stellen muss, um an seine kleine Belohnung zu gelangen, oder sich in die Tiefstellung begibt, um an ein Leckerchen sehr nah am Boden heranzukommen. Vorsicht aber, dass die Stapel wirklich (!) sicher liegen und nicht ins Rollen kommen können! Auch sollte vorher genau untersucht werden, ob nicht vielleicht Wildtiere in den Ritzen und Spalten leben oder sich Ameisen, Wespen und Co. häuslich eingerichtet haben! Ein Stich in die Hundenase ist mehr als unangenehm und auch nicht ungefährlich!

3. Bemooste Stellen im Wald eignen sich ebenfalls für ein schönes Schnüffelspiel. Vergessen Sie allerdings nicht, vorher mehrere Spuren zu legen. Oder verstecken Sie gleich mehrere Leckerlis im Moos, denn wie eingangs bereits erwähnt, sind Hunde Energiesparer und werden zunächst einmal nach Ihrem Geruch suchen.

4. Tiefhängende Äste und Astgabeln bieten ebenfalls tolle Versteckmöglichkeiten.
   Hier könnte ja vielleicht einmal ein Stückchen Wurst am Baum wachsen – aufgespießt auf einen kleinen, für den Hund gut zugänglichen Ast.

5. Finden wir Bäume mit grober Rinde, wie bei Kiefern und Eichen, können die Leckerlis an der Rinde festgeklemmt werden. Auch hier sind natürlich wieder unterschiedliche Höhen möglich.

Die Natur bietet tolle Verstecke!

Und unsere Schnüffelexperten finden sie alle!

Nach gemeinsamen Aktionen lässt es sich entspannt weiter spazieren gehen.

Positive Nebeneffekte von Schnüffelspaziergängen:

- Steigerung der Attraktivität des Menschen und in der Folge der Bindung
- Gemeinsamer Spaß und Abwechslung unterwegs
- Körperliche Ertüchtigung für den Hund
- Stretching und Muskelaufbau
- Kognitives Training für Zwei- und Vierbeiner

Zu beachten ist hierbei natürlich stets die körperliche Konstitution Ihres Hundes. Oberste Prämisse: Es soll allen Spaß machen und keine körperlichen Schäden verursachen.

So kann ein Spaziergang zum „Abenteuer" werden.

4.3. Schnüffeln als Lernbooster

Schnüffeln stellt aber nicht nur eine wunderbare und sinnvolle Art der Beschäftigung dar, es kann auch regelrecht als Lernbooster wirken und entsprechend genutzt werden. Mittlerweile ist nachgewiesen, dass lustvolles Tun nach dem Erlernen von eher langweiligen Kommandos und Abläufen das Überführen des Gelernten ins Langzeitgedächtnis unterstützt. Grund hierfür sind die Dopaminausschüttungen, die durch Spaß und Lustempfinden verursacht werden. Sie wirken als regelrechte Verstärker. Diese wissenschaftliche Erkenntnis kann man sich leicht zu Nutze machen, indem man das lustvolle Tun nicht auf Rennen, Spielen, Toben beschränkt, sondern eben auch gezielte Schnüffeleinheiten mit einbaut.

Gestaltet man zum Beispiel das Training so, das es diverse Lernstationen gibt, so kann man zwischendurch auch einmal einen Sniffstar oder einen Schnüffelrasen auslegen oder gezielt ein Kommando wie „Sitz“, „Platz“ oder „Steh“ mit der anschließenden Bestätigung aus der Sniffroll kombinieren. Die Erfahrung zeigt, dass die Hunde solch andersgeartete Zwischenstation sehr mögen und diese Art von Kombi-Parcours begeistert annehmen.

Eine einfache, aber sehr effektive Art und Weise, für den Hund eher einfachere und dadurch vielleicht auch leicht langweiligere Übungsabläufe „aufzupimpen“!

4.4. Schnüffeln zur Konfliktvermeidung

Dieses Kapitel möchten wir erneut mit einem Fallbeispiel einleiten: Diesmal steht ein mittelgroßer, kräftiger Rüde im Mittelpunkt. Beim Spaziergang an der Leine ist er stets sehr aufgeregt und bellt grundsätzlich alle entgegenkommenden oder vorbeigehenden Hunde an.

Wenn Hunde, die an der Leine laufen, sich in den Augen von uns Menschen „unmöglich" aufführen, können unterschiedliche Gründe wie z.B. Nervosität, Unsicherheit, schlechte Erfahrungen, Angst oder auch freudige Erregung und Anderes die Ursache dafür sein.

Tipps für entspanntere Hundebegegnungen.

Wie im verlinkten Videoclip deutlich zu erkennen ist, steht der Hund unter großer Anspannung. Er bellt und zieht an der Leine, was auf einen hohen Stresslevel in diesem Moment hinweist. Der vorbeigehende Hund wird vermutlich als Bedrohung wahrgenommen. Unser Ansatz zur Konfliktlösung durch Schnüffeln zielt darauf ab, den gestressten Hund zu entspannen und ihn aus seinem Stresstunnel zu befreien. Dadurch soll er erkennen, dass von dem vorbeigehenden Hund keine Bedrohung ausgeht.

Auch für den Hund, der als Trainingspartner eingesetzt wird, müssen Distanzen beachtet werden. Reagiert auch er auf andere Hunde, aus welchem Grund auch immer, oder aber kennt er einfach nur das Schnüffeltool und ist selbst massiv daran interessiert, so muss die Distanz größer gewählt werden, damit sich kein Zug auf die Leine bildet und er entspannt geführt werden kann. Hier ist dafür die Entfernung etwas zu gering gewählt, das Interesse des Hundes beim Geschehen am Schnüffeltool.

Wichtig bei dieser Vorgehensweise ist es sicherzustellen, dass die Leckerlis leicht erreichbar sind. Daher wird die Schnüffelfläche klar begrenzt, sodass sowohl der Hund als auch der Hundemensch schnell darauf zugreifen können. Neben dem „schnellen" Erfolg spielen auch die Art der Leckerlis und deren Wertigkeit eine Rolle (siehe 9. Kapitel „Die Wertigkeit der Belohnung"). In diesem Zusammenhang interessant und wichtig, dass es wissenschaftlich nachgewiesen wurde, dass Hunde durchaus in der Lage sind, Qualitäten und Quantitäten abzuschätzen und ihr Verhalten danach auszurichten!

Also nutzen Sie bei schwierigen Aufgaben und speziellen Problemstellungen mindestens die Lieblingsleckerlis Ihres Vierbeiners. Diese sollten nicht zu klein und von der Konsistenz her eher weich sein, damit der Hund eine schnelle Belohnung erhält und mit Freude weitersucht. So kann der Hormoncocktail in Fluss kommen und dem Hund zur nötigen Gelassenheit und Entspannung verhelfen.

Leckerlis haben unterschiedliche Wertigkeiten! Finden Sie das individuelle Schmankerl Ihres Gourmets heraus.

4.4.1. Die Vorgehensweise

Für die Trainingssituation benötigen wir Unterstützung durch ein weiteres Mensch-Hund-Team. Als Trainingspartner sollte ein unbekannter, aber unbedingt souveräner Hund ausgewählt werden. Beim ersten Durchgang nähert sich dann das Trainingsteam in gemäßigtem Tempo an und sollte anfangs in einer Entfernung von nicht weniger als 12 m vorbeigehen, wenn nötig sogar in deutlich größerer Distanz.

Während des Vorbeigehens drehen wir diesem Team bewusst den Rücken zu. So signalisieren wir unserem Hund ganz klar, dass wir dieser Begegnung keine Beachtung schenken. Währenddessen beschäftigen wir den stressanfälligen Hund auf dem Schnüffelrasen. Das bedeutet, wir bieten ihm die Möglichkeit zu schnüffeln, sich selbst zu belohnen und sich zeitgleich zu beruhigen. Wir animieren den aufgeregten Hund, die gut duftenden, nur an der Oberfläche versteckten und leicht erreichbaren Leckerlis zu erschnüffeln.

Der Hormoncocktail, der nun während dieses Schnüffelvorgangs freigesetzt wird, bewirkt eine Reduzierung des Stresslevels, fördert die Entspannung und ermöglicht dem schnüffelnden Hund durch das bereits angesprochene „Stereo-Riechen" den anderen Hund richtig wahrzunehmen und ihn neu einzuordnen.

Diese Situation wird nun immer wieder trainiert, wobei die Entfernung des vorbeigehenden Hundes so lange auf dieser Distanz beibehalten werden sollte, bis der gestresste Hund nicht mehr bellt und ganz auf das Schnüffeln konzentriert ist. Erst dann kann die Distanz zwischen den beiden Hunden beim folgenden Durchgang verringert werden.

Dieses Training benötigt seine Zeit! Da diese Übung sehr viel Konzentration vom Vierbeiner erfordert, ist es wichtig, Geduld zu zeigen und den Hund nicht zu überfordern.

Mehrfache Wiederholungen dieser Situation, auch mit verschiedenen Hunden und an verschiedenen Orten, und die stetige Reduzierung der Distanz des vorbeigehenden Hundes erzielen den größten Trainingserfolg. Sollte ein Durchgang einmal schiefgehen und der gestresste Hund fällt in sein altes Muster zurück, das heißt, er bellt den vorbeigehenden Hund an, sollte die Distanz des Passierenden wieder erhöht werden.

Langsam arbeiten Sie sich mit Ihrem Hund dann auch aus der Statik (Hund schnüffelt am Schnüffelrasen auf einer bestimmten Fläche) hinüber in die Dynamik (Hund und Mensch sind ebenfalls in Bewegung, wenn ein Reiz vorbeigeht). Dabei ist es hilfreich und sinnvoll, wenn beim Schnüffeln ein Markerwort mit eingeübt wurde, welches nun in der Bewegung mit eingebaut wird. Der Hund darf dann daraufhin ein Leckerli aus der Hand erschnüffeln und erhalten oder es wird ihm hingeworfen, wenn man erlaubt, dass er vom Weg oder Seitenstreifen etwas aufnimmt.

! BITTE BEACHTEN

Da Begegnungen zwischen hoch gestressten Hunden oftmals auch gefährlich sein können, empfehlen wir, dieses Training in Begleitung eines erfahrenen Hundetrainers durchzuführen.

Oft empfiehlt sich das Eingangstraining auch mit einem Dummyhund, der anfangs in größerer Entfernung, dann in verringerter Distanz eingebaut wird.

Ein Freund, ein guter Freund ....

4.4.2. Wie Menschen es sich wünschen – im Alltag oft aber anders verläuft

Grundsätzlich wäre es uns Menschen natürlich am angenehmsten, wenn unsere Hunde einfach locker und entspannt, ohne Imponiergehabe, ohne Aggressionsanzeichen und ohne gegenseitige Begrüßung an anderen Hunden vorbeilaufen würden. Und das am besten noch auf engstem Raum und ohne Leine.

Das jedoch ist für einen Hund nur schwer machbar. Zunächst muss er für sich selbst erst einmal überprüfen, was der andere Hund für ein Typ ist, ob der andere ein Rivale sein könnte, ob der „auf Krawall gebürstet“ ist, ob es eine läufige Hündin ist oder ob es ein Typ ist, mit dem er grundsätzlich harmoniert oder nicht.

Und dann ist es so, dass es ja auch Hundetypen gibt, mit denen unser eigener Hund nicht unbedingt sympathisiert, eben so, wie es zwischen uns Menschen ebenfalls der Fall sein kann. Es gibt Menschen, die uns auf Anhieb sympathisch sind, mit denen wir uns direkt gut verstehen, und es gibt Personen, die uns begegnen und noch bevor sie uns zu nah kommen können, wechseln wir die Straßenseite. Genau diese Möglichkeit nehmen wir eventuell unserem Hund und zwingen ihn buchstäblich eng an einem anderen Hund vorbeizugehen, um den er lieber einen weiten Bogen machen würde.

Betrachten wir einmal eine Hundebegegnung, wie sie in der freien Natur ablaufen würde:

Hunde nähern sich einander am liebsten aus einer großzügigen Distanz heraus an. Am besten auf einer weiten Fläche, wo sie sich in ihrem eigenen Tempo und Radius mit dem Gegenüber begegnen können.
Ausreichend Zeit, die ihnen die Möglichkeit lässt, in Ruhe abzuschätzen und zu entscheiden, ob sie sich weiter annähern wollen oder lieber das Weite suchen, ist ebenfalls ein wichtiges Kriterium.

Während dieser Annäherung senken die Hunde den Kopf zum Schnüffeln und Beruhigen sich durch den einschießenden Hormoncocktail selber, ein typisches Zeichen bei einer friedlichen Annäherung. Dieses ursprüngliche Verhaltensmuster behält der Hund

Interessiertes Beschnüffeln

sein ganzes Leben lang bei. Wissen wir um dieses Verhalten, können wir eine Hundebegegnung für unseren Hund und uns positiv beeinflussen.

Bei Hundebegegnungen an der Leine kommt es leicht zu Missverständnissen zwischen den aneinander vorbeigehenden Hunden. Zum einen ist oftmals die Möglichkeit zu schnüffeln nicht gegeben oder einfach nicht gewünscht!

Hunde beanspruchen und „pflegen" unterschiedliche Individualdistanzen. Auch schränkt die Leine das Kommunikationsverhalten ein oder verfälscht es. Die durch den Zug an der Leine „falsch produzierte" Körpersprache des Hundes wird vom Gegenüber eventuell falsch gedeutet, denn durch die Spannung der Leine verändert sich die Körpersprache eines Hundes gravierend. Der Hund ist aufgerichtet(er), die Muskeln sind angespannt, der Brustkorb wird breit(er), der Hund strahlt vielleicht sogar eine gewisse Aggressivität aus. Durch den Zug des Halsbandes beim Zurückziehen verändert sich zusätzlich die Gesichtsmimik negativ. Der Hund könnte sogar bedrohlich wirken, obwohl das eigentlich gar nicht der Fall ist.

4.4.3. Tipps, wie Sie eine entspannte Hundebegegnung konkret fördern können

Wir alle kennen den Spruch: „Das Problem befindet sich am anderen Ende der Leine." Das stimmt nur zum Teil, wie zuvor erklärt. Dennoch ist es hilfreich, wenn Sie wissen, wie Sie Ihren Hund am besten unterstützen können, damit er Hundebegegnungen souverän meistern kann.

1. Gestalten Sie Hundebegegnungen hundgerecht!
   Berücksichtigen Sie den Unterschied zwischen einer Hundebegegnung, wie wir Menschen sie uns wünschen, und wie der Hund sie eigentlich braucht. Schauen Sie auch genau auf die Bedürfnisse Ihres Hundes und handeln Sie danach. Damit helfen Sie ihm zu erkennen, dass Sie die Situation und das vermeintliche Problem für ihn lösen werden und vermitteln ihm Sicherheit und Ruhe.

2. Lassen Sie Ihren Hund stets auf der reizarmen Seite neben sich gehen! Kommt Ihnen ein Hund auf derselben Seite zu Ihrem Hund entgegen, dann lassen Sie Ihren Vierbeiner auf der anderen, der „ungefährlichen" Seite laufen und umgekehrt. So stehen Sie quasi zwischen Ihrem und dem fremden Hund und entspannen damit die Situation.

Der Hund läuft hier auf der reizarmen Seite.

3. Trainieren Sie auf kleinen Teilstrecken immer wieder das aktive Schnüffeln. Werfen Sie Ihrem Hund dazu kleine Leckerlis auf „seinen" Spazierweg, die er mit Ihrer Erlaubnis und einem zugehörigen Schnüffelwort erschnüffeln kann. Sie können dazu ein konkretes Kommando aufbauen und so ein Ritual schaffen, um seine Aufmerksamkeit von einem anderen Hund wegzulenken, wenn es erforderlich ist. Setzen Sie dazu sehr besondere Leckerlis ein, die er nur auf einem Spaziergang bekommt und die er ganz besonders mag.

4. Üben Sie kontinuierlich den Rückruf. Ein gut sitzender Rückruf ist das A und O beim Spaziergang, um den Hund aus jeder Situation heraus zu sich zu rufen. Auch wenn Ihr Hund das Welpen- und Junghundalter längst hinter sich gelassen hat, ist es wichtig, dass Sie dies immer wieder üben.

4.5. Schnüffeln zum Konditions- und Konzentrationsaufbau

Der Unterschied zwischen Alltags-Schnüffeln und gezielten Schnüffelspielen

Das Schnüffeln beim Spaziergang dient der Informationssuche oder dem Finden von Fressbarem. Im Gegensatz dazu werden bei gezielten Schnüffelspielen spezifische Gerüche gesucht.

Auf die Plätze, fertig, los....

Hunde, die regelmäßig schnüffeln, können länger bei der Spur bleiben als ungeübte Hunde. Sie schweifen nicht so leicht ab und bleiben fokussiert. Trainierte Hunde können längere Distanzen ohne Pausen bewältigen, während ungeübte Hunde mehrere Pausen benötigen.

Wenn man ans Schnüffeln als Konditions- und Konzentrationsaufbau denkt, kommen einem sofort Freizeitaktivitäten wie Mantrailing, Fährtensuche oder Dummyarbeit in den Sinn – alles Aktivitäten, die vom Hund über längere Zeiträume hinweg eine hohe Konzentration erfordern. Auch die Diensthunde der Polizei oder speziell trainierte Hunde, die wie Trüffelschweine bestimmte Gegenstände suchen, fallen einem dazu ein.

Damit es anfangs zu keiner Überforderung kommt, empfiehlt es sich, diese anspruchsvollen Aktivitäten gemeinsam mit einem Hundetrainer aufzubauen und die Anforderungen an den Hund, sprich die Suchdauer, schrittweise zu steigern. Hierbei verhält es sich ähnlich wie bei einem Sportler, der für außerordentliche Leistungen seine Muskulatur und Ausdauer trainieren muss.

Doch nicht nur Nasenarbeit oder der Einsatz als Diensthund erfordern eine gute Kondition. Auch im Alltag macht sich eine solide Ausdauer bezahlt. Sei es bei Begegnungen mit anderen Hunden oder bei der Bewältigung von Stresssituationen, wie etwa an Silvester. Eine gute Kondition und Konzentration hilft Ihrem Hund, solche Herausforderungen besser zu meistern.

Konditionsaufbau durch Schnüffelspiele.

4.5.1. Wie können Schnüffelspiele beim Konditions- und Konzentrationsaufbau helfen?

Schnüffelspiele erfordern von Hunden eine hohe Konzentration und Ausdauer. Das Suchen und Finden von versteckten Leckerlis in der Schnüffelmatte fordert den Hund geistig und trainiert seine Fähigkeit, sich über längere Zeiträume hinweg zu fokussieren. Diese geistige Anstrengung trägt zur Verbesserung der mentalen Ausdauer bei. Um die Konzentration zu fördern, verlängert man nach und nach die Dauer der Schnüffelaktivitäten. Dazu motiviert man den Hund, auch dann weiterzumachen, wenn er nachlässt und langsam müde wird, indem man selber zum Beispiel am Schnüffelrasen mit dabei ist. Während der Hund nun nach seinen kleinen Belohnungen sucht, werden immer wieder neue Leckereien versteckt. Als zusätzliche Anreize, um die Schnüffeldauer zu erhöhen, können Leckerlis von unterschiedlicher Wertigkeit verwendet werden. Um also die Attraktivität des Schnüffelspiels zu steigern, erhöhe ich mit zunehmender Spieldauer die Wertigkeit der Leckerlis. Ich fange mit einem Standard-Leckerli an und steigere die Wertigkeit dann bis zum High-End-Level-Leckerli.

Durch diese schrittweise Ausdehnung der aktiven Schnüffelzeit gelingt es, die Konzentrationszeit zu verlängern. Wichtig ist, dass dies ohne Druck geschieht und der Hund immer wieder Erfolgserlebnisse hat. Er soll beispielsweise sein Leckerli erschnüffeln und versuchen, es zu erreichen. Findet der Hund den Lösungsweg nicht schnell genug, wird er unterstützt. Es soll ein förderndes Training sein, kein frustrierendes Überfordern!

Ein großer Vorteil, Schnüffelteppiche als Trainingstool zu verwenden, ist die Tatsache, dass das Training wetter-, orts- und temperaturunabhängig erfolgen kann, dabei ohne Stress und Druck bleibt und spielerisch ist. Ein Hund, der sich wohlfühlt und Spaß an der Aufgabe hat, wird eher bereit sein, sich anzustrengen und länger durchzuhalten. Das fördert das Lernen und die körperliche wie mentale Leistungsfähigkeit des Hundes.

Außerdem bieten Schnüffelmatten die Möglichkeit, das Training individuell an die Bedürfnisse und das Leistungsniveau des Hundes anzupassen. Ob junger Welpe, erwachsener Hund oder Senior – die Intensität und Dauer der Schnüffelaktivität kann je nach Entwicklungsstufe, Fitnesslevel bzw. gesundheitlichem Allgemeinzustand des Hundes variieren.

Obwohl Schnüffelmatten in erster Linie der mentalen Stimulation dienen, fördern sie auch die körperliche Aktivität des Hundes. Beim intensiven Schnüffeln bewegt sich der Hund kontinuierlich, was seine körperliche Fitness und Ausdauer positiv beeinflusst.

Wichtig ist es, die Befindlichkeit des Hundes zu beobachten, um Überanstrengung zu vermeiden. Eine Schüssel mit Wasser sollte bereitstehen, um die Schleimhäute feucht zu halten. Trinkpausen sind ein Zeichen dafür, dass der Hund eine kurze Erholung braucht.

Geht der Hund weg, um sich auszuruhen, kann er mit attraktiveren Leckerlis zum Weitersuchen motiviert werden, wenn er „nur" müde, aber noch nicht überfordert ist. Selbst bei Hunden mit Silvesterängsten kann es gelingen, sie durch Schnüffelarbeit ein an Stress ärmeres Silvester erleben zu lassen.

Auch Leckerliparcours können zum Training genutzt werden. Man beginnt mit wenigen Leckerlis und erhöht nach und nach deren Anzahl und den Schwierigkeitsgrad. Dadurch wird die Suchdauer verlängert. Schließlich wird nur noch ein Leckerli versteckt, um zu sehen, wie lange der Hund die Konzentration halten kann. Leicht abschweifende Hunde werden motiviert weiterzusuchen und erhalten bei Erfolg eine hochwertige Belohnung.

Warum die Kondition so wichtig ist.

SILVESTERANGST – SO HELFEN SIE IHREM VIERBEINER ÜBER DEN JAHRESWECH

Am 31. Dezember herrscht draußen Trubel. Wenn Silvesterraketen zischen und Böller explodieren, leiden viele Hunde unter Angst und Stress. Sie suchen Schutz und sind oft nicht ansprechbar. Auch für viele Hundebesitzer ist diese Zeit eine Herausforderung, sie sind erleichtert, wenn das Spektakel endlich vorüber ist.

Beginnen Sie den Silvestertag so stressfrei wie möglich. Planen Sie viel Zeit für gemeinsame Aktivitäten ein und verlegen Sie die große Gassirunde auf den Nachmittag in ein ruhiges Gebiet, bevor die Knallerei beginnt. Gestalten Sie den Spaziergang attraktiv und bewegungsreich, bieten Sie Ihrem Hund Gelegenheit, in gemeinsamen Aktionen Stress abzubauen und die Produktion von Glückshormonen anzuregen.

Außer beim Spaziergang ist der Einsatz von Suchspielen in den heimischen vier Wänden eine weitere effektive Methode, um dem Hund zu helfen, diese Zeit besser zu überstehen. Mit jeder Spieleinheit, die Sie das Jahr über mit Ihrem Hund gemeinsam unternehmen, schaffen Sie die Grundlage für einen entspannteren Silvesterabend, da die Konzentration und die mentale Fitness des Hundes aufgebaut und gestei-

gert werden. An diesem besonderen Abend könnte Ihr vierbeiniger Mitbewohner im Idealfall in der Lage sein, sich über einen längeren Zeitraum – während des Feuerwerks – mit Schnüffeln und Suchen zu beschäftigen. Bedenken Sie jedoch, dass auch die attraktivsten Leckerlis nichts bringen, wenn Ihr Hund durch die Suche schnell erschöpft ist. Wie bereits ausgeführt wurde, so entspricht eine Schnüffeleinheit von wenigen Minuten etwa einem einstündigen Spaziergang. Daher ist es wichtig, schon früh mit dem Training und der Stärkung der Schnüffelkondition zu beginnen. Einige Tage vor Silvester beginnen Sie deshalb am besten damit, die Spieleinheiten pro Tag zu erhöhen. Wenn der Silvesterabend naht, wird sich Ihr Hund durch die häufigen Spielaufforderungen schon daran gewöhnt haben und bereitwillig darauf eingehen.

Um Ihren Hund während des gesamten Feuerwerks aktiv beim Schnüffeln und Suchen auf dem Schnüffelrasen zu beschäftigen, sind besondere Leckerlis unverzichtbar. An diesem speziellen Abend darf das komplette Schlemmerbuffet aufgefahren werden. Verwöhnen Sie Ihren Hund mit verschiedensten Leckereien, die er besonders liebt und sonst selten bekommt, wie z.B. Popcorn (natürlich ohne Salz und Zucker), Käse, Wurst, Leberwurst, Maultaschen oder Pfannkuchen – alles, wofür Ihr Liebling einen Salto schlagen würde. Diese besonderen Köstlichkeiten maximieren die Motivation Ihres Hundes und verlängern seine Freude an der Leckerlisuche.

Für die Befeuchtung der Riechzellen und somit für die effektive Nutzung des Geruchssinns ist es wichtig, immer frisches Wasser bereitzustellen. Eine Verfeinerung mit etwas Hühnerbrühe kann die Bereitschaft zur Wasseraufnahme erhöhen.

Lösungsansätze für Hunde mit Silvesterangst

Zusammengefasst tragen Schnüffelmatten durch mentale Stimulation, körperliche Aktivität, schrittweise Steigerung der Anstrengung, positive Verstärkung, stressfreies Training, individuelle Anpassung und Verbesserung der Atemtechnik effektiv zum Konditionsaufbau von Hunden bei. Durch den gezielten Einsatz von Schnüffelmatten können Hunde ihre Konzentration und Fitness auf spielerische und angenehme Weise verbessern, was zu einer insgesamt besseren Gesundheit und Lebensqualität führt. Allerdings muss beim Kauf von Schnüffelprodukten darauf geachtet werden, dass die Beschaffenheit, was die bespielbare Fläche und die Dichte der Zotteln anbelangt, für Trainingssituationen geeignet ist.

5 CHANCEN VON SCHNÜFFELSPIELEN

Der Einsatz von Schnüffelspielen oder Schnüffeltools, wie wir sie gerne nennen, bietet zahlreiche Möglichkeiten, Probleme auf ganz sanfte Weise zu lösen.
Ein schönes Beispiel aus meiner (Martin) Praxis als Hundetrainer, ist die Geschichte von Gustl.

5.1. Fallbeispiel Gustl

Gustl ist ein ca. 2 Jahre alter Hund aus dem Tierschutz und wurde von seinem Frauchen von einer Pflegestelle übernommen. Ins Spiel kam ich dann als sich herausstellte, dass es nicht möglich war, Gustl in ein Auto zu locken. Die Angst war einfach zu groß und er zeigte deutlich seine Abneigung, wollte man ihn ins Auto verfrachten.

An dieser Stelle möchte ich darauf hinweisen, dass Hunde aus dem Tierschutz oft Angst davor haben, in ein Fahrzeug einzusteigen. Dies liegt häufig an den schlechten Erfahrungen, die sie gemacht haben. Straßenhunde werden oft mit Schlingen an Stangen eingefangen und gewaltsam in Fahrzeuge gezerrt. Es ist nachvollziehbar, dass solche Erlebnisse bei den Tieren tiefe Wunden und Ängste hinterlassen.

Ich besuchte die Kundin also zu Hause, um die Situation vor Ort genauer zu verstehen. Es war für mich von größter Wichtigkeit, Gustl aus seinem Paniktunnel zu befreien, in den er verfiel, sobald er in ein Auto einsteigen sollte. Mit dem Einsatz unseres Schnüffelrasens war ich zuversichtlich, dieses Ziel zu erreichen. Deshalb ließ ich Gustls Frauchen einen Schnüffelrasen da und

Hunde aus dem Tierschutz haben oft Angst vor dem Autofahren.

wies sie an, das Futter ab sofort nur noch über diesen zu verabreichen. Sollte der Hund rohes Fleisch bekommen, wäre das ebenfalls kein Problem, da der Schnüffelrasen waschbar und trocknergeeignet ist.

Also bekam Gustl bis zu unserem nächsten Termin ein paar Tage später, das Futter nur so verabreicht. Beim zweiten Termin wanderte der Schnüffelrasen dann schon in Richtung Auto und Gustl machte erst einmal große Augen. Nachdem er dann aber in dem mit Leckerchen befüllten Schnüffelrasen angefangen hatte zu schnüffeln, bemerkten wir deutlich, wie er sich nach und nach entspannte. Das war den einschießenden Hormonen zu verdanken. Gustl war wieder in der Lage zu realisieren, dass von dem Fahrzeug keine Gefahr ausging.

Der Schnüffelrasen wandert immer näher an den Kofferraum.

Geschafft! Der durch das Schnüffeln freigesetzte Hormoncocktail beruhigt den Hund.

Bereits bei unserem dritten Termin wanderte der Schnüffelrasen in den Kofferraum und es bedurfte keiner großen Anstrengung, Gustl zu überzeugen, dass er auch im Kofferraum eben so viel Freude beim Schnüffeln auf seinem Schnüffelrasen haben konnte. Und tatsächlich: nachdem er vorsichtig den Kofferraum inspiziert hatte, fing er an, wie gewohnt im Schnüffelrasen zu schnüffeln und nach Leckereien zu suchen. Es war sogar möglich, die Kofferraumklappe für einen kurzen Moment zu schließen.

Bei meinem vierten und tatsächlich auch letzten Besuch platzierten wir den Schnüffelrasen erneut im Kofferraum und ich setzte mich dieses Mal mit dazu. Ich wollte dabei sein und sehen, wie Gustl reagieren würde, wenn der Motor angelassen wird und sich das Auto in Bewegung setzte. Gustl schnüffelte wie ein Weltmeister. Dabei hob er immer wieder den Kopf, um zu überprüfen, ob noch immer alles o. k. ist.

Nachdem Gustl einen sehr entspannten Eindruck auf mich machte, tauschte ich meinen Platz, nahm vorne neben seinem Frauchen Platz und wir drehten eine Runde. Von diesem Tag an gab es nie wieder Probleme beim Autofahren. Mittlerweile ist auch kein Schnüffelrasen im Kofferraum mehr nötig.
Schnüffelprodukte lassen sich hervorragend bei traumatisierten Hunden, z. B. Hunden aus dem Tierschutz, die jegliches Vertrauen in uns Menschen verloren haben, anwenden. Wie lässt sich ein Weg zu diesen armen Seelen finden, wie lässt sich zu ihnen Kontakt aufnehmen, ohne dem Tier dabei (zu) nahe kommen zu müssen? Das war die zentrale Frage, die zur Lösungsfindung anspornte.

Und genau diese Möglichkeit bieten die Schnüffeltools! Auch hier in erster Instanz natürlich der Schnüffelrasen, weil dabei der Hund schnelle Erfolge erzielen kann und eine zeitnahe Selbstbelohnung erfolgt.

Der Weg des Vertrauensaufbaus könnte folgendermaßen ablaufen:

Der Schnüffelrasen wird mit Futter oder Leckerlis, von denen man weiß, dass der Hund sie gerne mag, befüllt. Bevor wir den Schnüffelrasen dann an einem für den Hund gut zugänglichen, etwas geschützten Ort hinlegen, streifen wir nochmals mit unseren Händen darüber, um unseren Duft auf dem Schnüffelrasen zu intensivieren und die positive Verknüpfung zwischen Futter und unserem Duft zu verstärken. Außerdem ist es dem Vierbeiner möglich, durch die Aufnahme unseres Geruchs abzuschätzen, in welcher Verfassung wir uns befinden, ob Gefahr von uns ausgeht oder ob wir ihm wohlgesonnen sind. Nachdem wir also unseren Geruch im Schnüffelrasen hinterlassen haben, entfernen wir uns von dem Objekt und schenken ihm keine weitere Beachtung mehr.

Irgendwann werden die Neugier und der verführerische Duft der Leckerlis den Vierbeiner anlocken und er wird zaghaft beginnen, am Schnüffelrasen zu schnüffeln. Je intensiver dieses Schnüffeln wird, umso mehr positiv wirkende Hormone gelangen in den Kreislauf des Hundes. So erreicht er leichter die Möglichkeit, aus seiner Angstspirale herauszukommen und zu realisieren, dass ihm nichts passiert.

Mit ganz viel Geduld und in winzig kleinen Schritten ist es schon gelungen, einem schwer traumatisierten Hund wieder Vertrauen in Menschen zu schenken. Diese emotionale Verbundenheit und die Tiefe der Gefühle, die eine das Geschehen begleitende Person in diesem Moment wahrnimmt, sind nicht in Worte zu fassen. Im Wesentlichen bewirkt das eines: Dankbarkeit.

Wir sind ein gutes Team.

5.2. Fallbeispiel Pepper

Die Geschichte von Pepper wurde bereits in „Mein Hund hat Angst“, Petra Krivy & Udo Gansloßer, Müller Rüschlikon 2024, Seite 57 veröffentlicht, gehört hier aber natürlich einfach auch hin:

Pepper ist ein kleiner Bulgare, der über eine Tierschutzorganisation nach Deutschland kam. Insgesamt ist er zwar eher ein etwas schüchterner Vertreter, aber durchaus neugierig, meistens gut gelaunt und auch zugänglich, wenn das Eis erst einmal gebrochen ist.
Was seiner neuen Familie und ihm anfangs aber sehr große Probleme bereitete, war das Anziehen für den Spaziergang, also das Anlegen von Halsband und Brustgeschirr. Alles, was von vorne kam und auch nur den Anschein eines Überstülpens erweckte, löste in ihm Fluchttendenzen aus.
Die Besitzer fragten nach einer Idee, wie man es Pepper vielleicht etwas einfacher machen könnte. Und die war leicht gefunden!

Viele ehemalige Straßenhunde wurden mit einer Schlinge eingefangen und assoziieren das Anlegen von Halsband oder Geschirr mit dieser unangenehmen bis traumatischen Erfahrung.

Wir wählten das AnnyX Open Fun, ein Geschirr, welches nicht über den Kopf gezogen werden muss, sondern im Schulterbereich zusätzliche Klickschnallen besitzt, so dass es offen angelegt wird. Um dem Hund die Zeit des Hantierens beim Anlegen im wahrsten Sinne des Wortes schmackhaft zu gestalten, kam der Schnüffelrasen mit in den Einsatz.

Wir verstreuten winzig kleine Leckerlis, anfangs in sehr großzügiger Menge, auf dem Schnüffeltool. Während Pepper nun begeistert schnüffelte und die leckeren Bröckchen verspeiste, schoben wir das Geschirr einfach unter ihn und nahmen die Verschlussgurte nach oben, wo wir sie leicht einklicken konnten. Das ganze Szenario begleiteten wir mit dem Wort „Anziehen", was in der Folge dazu führte, dass Pepper bereits beim Hören des Wortes „Anziehen" begeistert zum Schnüffelrasen rannte und sich dort das Geschirr fröhlich anlegen ließ.

Gemeinsames Spielen öffnet Türen.

5.3. Fallbeispiel Sebastian und Elton

Sebastian ist neun Jahre und bereits im frühen Kindesalter wurde bei ihm Asberger-Autismus diagnostiziert. Er geht in eine Regelschule, in welcher er eine Integrationshelferin hat. Er kommt in der Schule mit, doch langweilt er sich aufgrund seiner schnellen Auffassungsgabe und seiner überdurchschnittlichen Intelligenz. Wie bei vielen Autisten, so hat auch Sebastian, der sich selbst nur Bast nennt, ein Problem mit sozialen Interaktionen und auch mit dem Sprechen. Er kann zwar sprechen, tut dies aber sehr selten und wenn, dann nur in so kurz wie möglichen Sätzen.

Durch einen tragischen Unfall landet Elton, der Hund von Sebastians Tante, in der Familie und soll dort auch bleiben, denn er ist unproblematisch, gut erzogen, wird von allen gemocht – und auch Sebastian hat ihn offenbar gern um sich. Elton ist kein speziell trainierter Begleithund und erst recht kein ausgebildeter Assistenzhund, er ist ein fröhlicher, verspielter und unkomplizierter Familienhund. Und als solcher soll er in Sebastians Familie auch weiterhin leben.

Schnell stellen Sebastians Eltern fest, dass der Hund die Nähe des Kindes zu suchen scheint und auch dem Kind das Miteinander mit dem Hund guttut. Der eigentliche Hintergedanke der

Eltern, aus welchem heraus sie nach Beschäftigungsangeboten suchen, die den Hund ruhig in der Nähe des Kindes verweilen lassen, ist der, dass sie Sebastian die nahe Anwesenheit des Hundes öfter ermöglichen und für beide angenehm gestalten wollen. Der Schnüffelrasen schien ihnen dabei eine gute Möglichkeit, denn wenn Elton sei ne Leckerchen aus den weichen Fransen sucht, schaut Sebastian stets intensiv zu. So legen sie den Rasen gern in Sebastians Nähe aus, bestücken ihn und lassen den Hund dann suchen. Und daraus entwickelte sich etwas Großartiges: Akribisch genau beobachtet Sebastian, wie Elton den Rasen mit der Nase durchfühlt. Manchmal aber sieht Sebastian den Futterbrocken vor Elton! Und Sebastian geht aktiv in die Interaktion mit dem Hund: „Elton, Bast hat etwas entdeckt, guck doch mal hier!“ Sebastian zeigt mit dem Finger zum Leckerchen und freut sich, dass der Hund den Fingerzeig beachtet und dadurch den Futterbrocken schneller findet. Die Interaktionen zwischen Kind und Hund werden immer mehr und auch weitreichender. Im weiteren Verlauf bittet Sebastian seine Eltern sogar selbständig um den Rasen, um Futter darauf auszulegen und mit Elton gemeinsame Zeit zu verbringen, nimmt aber auch schwierigere Versteckaufgaben in Schnüffelpads in Angriff.

Hier hat der Hund definitiv eine besondere Tür zum Kind geöffnet, der Schnüffelrasen war dabei, um im Bild zu bleiben, ein Schlüssel, der gut ins Türschloss gepasst hat!

Hunde und Kinder können wundervolle Partner füreinander sein.

6 ZU RISIKEN UND NEBENWIRKUNGEN – FRAGEN SIE DEN HERSTELLER ODER IHRE HUNDETRAINERIN / IHREN HUNDETRAINER

Wir können nicht oft genug darauf hinweisen, dass die Schnüffelpads – eine Ausnahme bildet nur der Schnüffelrasen – Miteinander-Spielobjekte, interaktive Beschäftigungstools sind. Und das aus gutem Grund:

Eine Überforderung des Hundes stellt sich leicht ein, wenn niemand bei der Auflösung hilft, der Lösungsweg zu langwierig oder zu schwer ist. Hat der Hund seine Belohnung bereits erschnuppert, findet aber keinen Weg zum Leckerli, führt das zu Frust. Resultat: der Hund lässt das Suchspiel frustriert liegen und wendet sich ab. Oder er versucht mit aller Gewalt, im wahrsten Sinne des Wortes, an seine kleine Belohnung heranzukommen und zerstört das Schnüffeltool.

Irgendwie kommt man (Hund) immer ans Leckerchen ...

Beim Einsatz der Schnüffeltools mit mehreren Hunden ist zu beachten, dass es sich bei den versteckten Leckerlis um Ressourcen handelt, die unter Umständen nach Meinung der Vierbeiner auch verteidigt werden müssen.

Doch was versteht man eigentlich alles unter Ressourcen? Ressourcen können z.B. bestimmte Menschen, Dinge, Abläufe, Orte sein, die für den Hund eine große individuelle Bedeutung haben, eine große Wertigkeit besitzen, ihm sein Dasein sichern. Dazu zählen z.B. der vertraute Mensch, eventuell auch der Hundekumpel, Nahrung, Wärme, Liegeplatz, Schutz, Unterkunft, Spielzeuge, das heimische Revier mit Kerngebiet Haus und Garten, aber auch mit umliegenden Gassigegenden, Beachtung und Zuwendung u.v.m. Ressourcen sind all das, was der Hund für sich in Anspruch nimmt und im Falle eines möglichen Verlustes die Bereitschaft zeigt, dafür zu kämpfen.

Futter steht bei den meisten Hunden an einer sehr hohen Stelle, da es zur Lebenssicherung gehört. Betrachtet man nun die in einem Schnüffelteppich versteckten Leckerlis, kommt zum Thema Nahrung auch noch der Punkt des Beglückens dazu. Dieses schöne Gefühl und die Belohnung in Form von Leckerlis möchte der Hund unter Umständen sehr ungern mit einem anderen Hund teilen.

Was könnte also passieren? Hund 1 schnüffelt auf dem Schnüffelrasen. Hund 2 kommt dazu. In den meisten der Fälle wird Hund 1 seine Ressource, nämlich den Schnüffelrasen, gegenüber Hund 2 verteidigen.

6.1. Wie ist ein Risiko zu minimieren?

Grundsätzlich sollte natürlich bei Hunden, die auch nur ansatzweise futterneidisch sind, der Schnüffelrasen nur solitär eingesetzt werden! Das dürfte sich aber von selbst verstehen. Und manch ein Hund wird bereits den bloßen Anblick des Schnüffelrasens mit dem Futter und dem Schnüffelspaß in Verbindung bringen und das als absolut ausreichend empfinden, keinen weiteren Schnüffler neben sich zu dulden.

Doch gibt es auch die vierbeinigen Zeitgenossen, die großzügig eine Schüssel teilen würden und sogar andere am gleichen Knochen mitknabbern lassen. Bei solchen kann der Schnüffelspaß auch gemeinsam erlebt werden. Was von vielen Seiten zurückgemeldet wird und was die Erfahrungen bestätigen, ist dann eine Vorgehensweise wie folgt:

Das Befüllen des Schnüffelrasens erfolgt außerhalb der Reichweite der Hunde. Dann wird der Schnüffelrasen auf den Boden gelegt und alle Hunde haben gleichzeitig die Möglichkeit, zum Rasen zu kommen und dort die Leckerlis zu erschnüffeln.

Hunde in der Balance.

Friedliches Miteinander beim Schnüffeln muss gewährleistet sein.

6.2. Kann Schnüffeln süchtig machen?

Wie bei allen Dingen, die guttun, glücklich machen und Freude bereiten, entsteht ein Verlangen nach Wiederholung. Das ist auch bei Schnüffelspielen durchaus möglich, da bei ihnen ebenfalls Glückshormone ausgeschüttet werden. Hierbei hat es der Hund mit der als angenehm und beglückend empfundenen Kombination aus Hormonen, seiner Selbstbestätigung durch die gefundene Belohnung und der erfahrenen Aufmerksamkeit des Menschen zu tun. Alles Kriterien, die nach einer Wiederholung rufen. So kann es passieren, dass der Fellkumpel durch Herbeitragen eines Schnüffeltools auf das tolle Spiel aufmerksam machen möchte und Sie zum Spielen auffordert. Solange er nicht permanent mit dem Pad im Maul hinter Ihnen herläuft und Sie regelrecht damit bedrängt, scheint es aber noch nicht bedenklich. Doch im Ernst: Wie bei allem, zählt auch hier das gesunde Mittelmaß. Beobachten Sie Ihren Schnüffelfan genau und gestalten Sie Spieleinheiten lieber kürzer! (Siehe auch Interview mit PD Dr. Udo Gansloßer, Seite 70)

Bei gutem Verlauf und kompetentem Aufbau erleben Sie, dass Schnüffeln entspannt und müde macht und Ihr Vierbeiner sich nach einer gemeinsamen Spielrunde beglückt zu einem kleinen Schläfchen zurückziehen wird.

Und nicht nur die Hunde werden dabei müde.

EMPFEHLUNG

Gleichzeitige Beschäftigung mehrerer Hunde mit Schnüffelspielen

Um mehrere Hunde zusammen auf Schnüffelteppichen suchen zu lassen, ist es ratsam, bereits im Vorfeld bei gemeinsamen Spaziergängen und Begegnungen das Verhalten der Hunde hinsichtlich der Belohnung mit Leckerlis zu beobachten. Zeigen die Hunde hier Anzeichen von Ressourcenverteidigung, ist dringend davon abzuraten, sie auf einem gemeinsamen Schnüffelrasen oder auf mehreren unmittelbar nebeneinander liegenden Schnüffelrasen suchen zu lassen. In solchen Fällen ist es ratsamer, die Hunde in getrennten Räumen zu beschäftigen, um Konflikte zu vermeiden.

Ergeben die vorherigen Beobachtungen jedoch, dass Leckerlis verteilt und von den Hunden neidfrei angenommen werden, kann der gemeinsame Schnüffelspaß auf einem oder mehreren nah beieinander liegenden Schnüffelteppichen beginnen. Bereiten Sie den Schnüffelteppich oder die Teppiche vor und bleiben Sie während der gesamten Suchdauer immer dabei.

Achten Sie darauf, nur Schnüffelprodukte zu verwendet, die keine Taschen, Höhlen oder andere schwer erreichbare Verstecke enthalten. Die Leckerlis sollen beim Befüllen des Schnüffelteppichs so platziert werden können, dass sie gut und leicht zugänglich sind. Dies stellt sicher, dass die Hunde die erschnüffelten Leckerlis selbstständig und mühelos finden und erreichen können. Geeignete Schnüffelprodukte in diesem Fall sind einfach strukturierte Schnüffelmatten ohne Taschen, die eine ausreichende Suchfläche für mehrere Hunde bieten, wie zum Beispiel der Schnüffelrasen, welcher auch in der XL-Variante (120 x 80 cm) erhältlich ist.

6.3. Gesundheitliche Risiken bei Schnüffelprodukten

Bei Versteckspielzeugen aus Kunststoff geht es oft darum, das versteckte Leckerli durch Aufdecken eines Hütchens oder durch Herausziehen eines Kunststoffteiles zu erreichen. Dabei muss der Hund die entsprechenden Teile ins Maul nehmen oder zwischen die Zähne klemmen.

Bei zahlreichen Produkten, die wir bislang bespielt gesehen haben, fehlten Teile oder sie waren komplett zerbissen. Das kann zum einen natürlich auf eine Billigproduktion zurückzuführen sein, oder der Grund ist das Entweichen der Weichmacher, was zu einer höheren Anfälligkeit für Bruch und weitere Defekte führt.

„Weichmacher sind Stoffe, die spröden Materialien zugesetzt werden, um sie weich, biegsam oder dehnbar zu machen, damit sie einfacher zu bearbeiten sind oder bestimmte Gebrauchseigenschaften erreichen. Sie sind in großen Mengen in Kunststoffen, Lacken, Anstrich- und Beschichtungsmitteln, Dichtungsmassen, Kautschuk und Gummi Artikeln sowie in Klebstoffen enthalten." (https://www.umweltbundesamt.de/themen/gesundheit/umwelteinfluesse-auf-den-menschen/chemische-stoffe/weichmacher#was-sind-weichmacher, aufgerufen im Juni 2024)

Da liegt die Gefahr natürlich bereits auf der Hand: Abgebrochene Teile können verschluckt werden, was zu unterschiedlichsten Problemen im Darm bis zur Verletzung desselben führen kann.

BITTE BEACHTEN

Ein weiterer, nicht zu unterschätzender Aspekt neben den Weichmachern ist bei billig hergestellten Kunststoffprodukten noch die permanente Aufnahme von Mikroplastik.

Möchte man seinen Hund vor diesen Gefahren schützen und entscheidet man sich aus den beschriebenen Gründen lieber für Holzspielzeuge, sollte man darauf achten, dass diese aus Europa kommen. Hölzer aus dem nichteuropäischen Ausland müssen bei der Einfuhr bestimmte Sicherheitsaspekte erfüllen, was eine chemische Behandlung des Holzes voraussetzt. Diese Behandlung des Holzes ist nicht sichtbar, wird aber beim Spiel mit den daraus verarbeiteten Produkten unweigerlich mit aufgenommen.

Nun kommen wir zu den Schnüffelteppichen:
Für die meisten textilen Schnüffeltools werden Fleece- oder Filzstoffe verwendet. Ausschlaggebend für gut verarbeitete und langlebige Spielzeuge ist hierbei natürlich die Qualität der verwendeten Stoffe. Hierbei weisen Teppiche aus Filz eine gewisse Stabilität und Robustheit durch das feste Filzmaterial auf. Doch bereits beim ersten Befüllen dieses Schnüffelteppichs wird klar, dass das Suchvergnügen durch das störrische und sich nicht anschmiegende Material, das kein „echtes" Verstecken von Leckerlis zulässt, sehr kurz werden wird. Ratzfatz, und der Hund hat alle Leckerlis gefunden. Auch das raue, kratzige Material lädt weder den Menschen zum Verstecken von Leckerlis ein, noch ist es zart zur Hundenase. Oftmals sind diese Produkte auch von sehr geringem Eigengewicht, was den Hund dazu animiert, den Schnüffelteppich zu schütteln oder durch die Wohnung zu werfen.
Kurz gesagt, das Schnüffelvergnügen ist hier gleich null, geschweige denn, dass es zu einer Ausschüttung von Glückshormonen kommen könnte.

Anders bei den Schnüffelprodukten aus Fleece-Stoffen. Hier ist durch die Flexibilität des Materials ein Verstecken der Leckerlis schon eher gegeben. Aber auch bei Fleece gibt es sehr große Qualitätsunterschiede, was sich letztendlich natürlich auch im Preis widerspiegelt. Wie dick und flauschig ist der Fleece-Stoff, wie ist er verarbeitet, ist er geruchsneutral, wie hoch ist der Abrieb, wie stark fusselt er, ist er schadstoffgeprüft, Öko-Tex zertifiziert, antistatisch (sehr wichtig beim Kontakt mit der empfindlichen Hundenase!) usw.?

All diese Kriterien sind bei der Auswahl der Stoffe bzw. Materialien von immenser Bedeutung, denn sie bestimmen die Langlebigkeit der Produkte und das unbeschwerte Spielvergnügen der Vierbeiner. Diese Qualitätsansprüche haben wir bei der Herstellung unserer Produkte immer im Auge. Uns ist es wichtig, Hundehaltern Produkte anzubieten, die ihnen einen Mehrwert bieten. Diese Produkte müssen „funktionieren" und sollen im Idealfall, bei regelmäßigem Einsatz das Verhalten des Hundes positiv beeinflussen.

Außerdem denken wir nachhaltig. Aus diesem Grund stellen wir Produkte her, die soft, aber dennoch robust sind, deren Materialien nach x-maligem Waschen immer wieder flauschig und wie neu sind und die eine lange Lebensdauer bieten. Diese Ansprüche können nur durch die Verwendung von sorgfältig ausgewählten, auf die Produkte abgestimmten Materialien und eine ausgezeichnete Verarbeitung erfüllt werden. Neben den verwendeten Fleece-Stoffen spielt bei der Funktionalität und Langlebigkeit, natürlich auch die Art der Verarbeitung der angebotenen Schnüffelprodukte eine wichtige Rolle. Nehmen wir einmal die Schnüffelteppiche, die dieselbe Funktion wie unser Schnüffelrasen aufweisen, als Beispiel. Neben der Schwere und Flauschigkeit der verwendeten Materialien, spielt auch die eingesetzte Stoffmenge für die Funktionalität, also für die Möglichkeit, die Leckerlis ordentlich verstecken zu können, eine große Rolle. Denn sind die Zwischenräume zwischen den Fransen zu groß, ergibt sich kein Suchspaß und die meisten positiven Auswirkungen der Beschäftigung bleiben aus. Es wird wahrscheinlich gründlich unterschätzt, aber um einen voluminösen, dem Vierbeiner wirklich Spaß bringenden und ihn beanspruchenden Schnüffelteppich herzustellen, wird schon eine ordentliche Menge an Stoff benötigt.
Zu Info: für die Produktion eines Knauder's Best Schnüffelrasens werden z.B. 3 qm Stoff und für den XL-Schnüffelrasen sogar 4,5 qm benötigt! Hochwertige Materialien und sorgfältig ausgeführte Näharbeiten sorgen für eine hohe Strapazierfähigkeit und lang andauerndes Spielvergnügen.

Weit verbreitet auf dem Markt sind ebenfalls handgefertigte, geknüpfte Schnüffelmatten. Hier wir eine Art Plastikgitter oder Kunststoffmatte als Unterlage verwendet und in Fransen geschnittene Stoffstreifen hineingeknotet. Auf Messen wird Martin und Brigitte oft von Hundehaltern berichtet, dass deren Hunde die Schnüffelmatten schütteln oder sogar zerstören würden. Welche Veranlassung haben die Hunde, dies zu tun, fragen sie sich, denn dieses Phänomen kennen sie von den eigenen Produkten nicht. Nachdem sie sich also ein solches geknotetes Produkt näher angesehen haben, wurde ihnen vieles klar. Einerseits bestehen Risiken des Verschluckens von abgenagten Plastikteilen, die diese Plastikunterlagen aufweisen. Andererseits wird es für sie

nachvollziehbar, dass die Hunde, wenn sie nicht schnell genug an die kleinen Krümel, die sich im Knoten der Fransen verfangen haben, kommen, ungeduldig mit Schütteln und im Anschluss möglicherweise sogar mit Zerstörung der Schnüffelmatte reagieren. Es eignen sich nur relativ große Leckerlis für das Suchspiel mit geknoteten Matten, da kleine Snacks neben den Knoten durch das Gitter hindurchfallen und somit direkt auf dem Boden landen würden. Einige diese Kunststoffmatten sind auch waschbar, was aus hygienischen Gründen unverzichtbar ist. Allerdings ist hierbei natürlich zu beachten, dass durch das Waschen die Weichmacher des Kunststoffs noch schneller entweichen und die Unterlagen porös werden, was wiederum zu einer Verletzungsgefahr führen kann.
Um die Verletzungsgefahr möglichst gering zu halten, muss dringend empfohlen werden, beim Suchspiel immer dabei zu bleiben.

6.4. Worauf Sie beim Kauf von Schnüffelprodukten achten sollten – nochmals in Kürze:

1. Einsatzmöglichkeiten: Welche Art von Schnüffelprodukt kommt für Sie und Ihren Hund in Frage?
2. Herkunft des Produkts > mögliche Belastung durch Giftstoffe
3. Qualität der verwendeten Materialien
4. Strapazierfähigkeit / Haltbarkeit = Nachhaltigkeit
5. Verarbeitungsweise
6. Funktionalität > Bietet der Schnüffelteppich dem Vierbeiner überhaupt die Möglichkeit zu schnüffeln? Welche Herausforderung bietet er?
7. Zertifikate > Öko-Tex100, Made in Germany, CE-Kennzeichnung, Zertifikate von Fachstellen für tiergerechte Tierhaltung und Tierschutz etc.

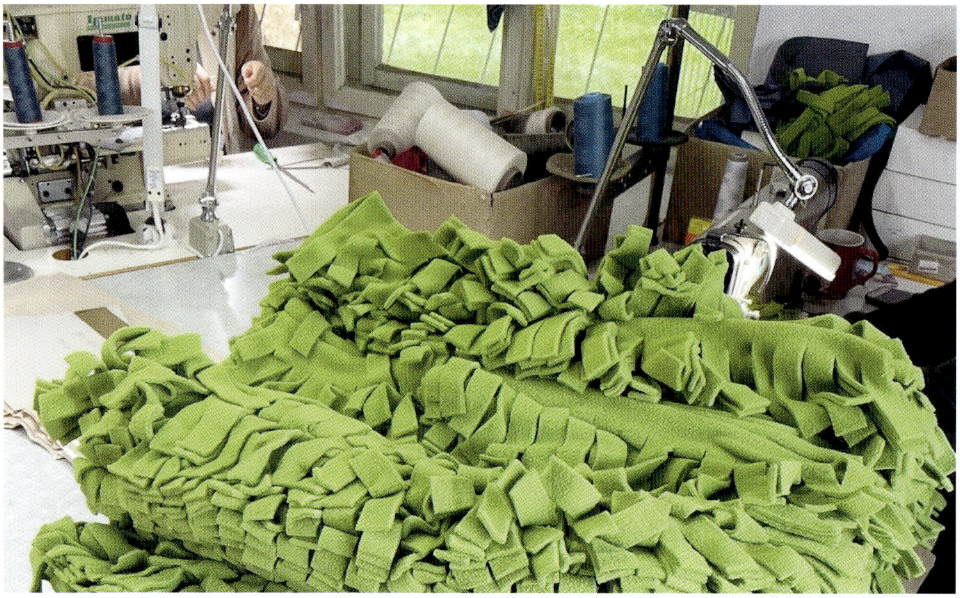

DIESE SIEGEL GEBEN AUFSCHLUSS ÜBER INHALTSSTOFFE

OEKO-TEX®-Siegel – darf nur an einem Produkt angebracht werden, dessen sämtliche Bestandteile, also auch Fäden, Knöpfe und sonstige Accessoires, auf Schadstoffe geprüft wurden und wenn der Artikel als gesundheitlich unbedenklich gilt. Die Prüfkriterien und Grenzwerte sind weltweit verbindlich.

FSC-zertifiziertes Holz (z. B. für Intelligenz-Spiele) – FSC® steht für „Forest Stewardship Council®". Das ist ein internationales Zertifizierungssystem für nachhaltige Waldwirtschaft. Das Holz für Möbel, Spielzeug, Bücher und Hefte oder auch Stifte stammt bei den Siegelträgern aus Wäldern, die verantwortungsvoller bewirtschaftet werden.

CE-Zeichen – bedeutet, dass ein Spielzeug der europäischen Kinderspielzeug-Richtlinie entspricht. Die CE-Kennzeichnung ist eine freiwillige Selbstauskunft der Hersteller.

Ein **BIO-Siegel** – für Textilhundespielzeug ist noch selten, da die Zertifizierungen sehr kostspielig sind. Um dennoch sicherzustellen, dass die Produkte umweltfreundlich sind, können Sie sich vor dem Kauf direkt beim Hersteller über die internen Richtlinien und die Produktionswege informieren.

Das **österreichische Tierschutz-Kennzeichen** – ist das einzige offizielle Kennzeichen für Produkte, die dem österreichischen Tierschutzgesetz entsprechen. Es wird von unabhängiger Stelle vergeben und garantiert die Einhaltung der tierschutzrechtlichen Vorgaben basierend auf einer wissenschaftlichen Überprüfung und Erfahrungen aus der Praxis.

Made in Germany – Wer sowohl auf die Hundegesundheit als auch auf die Umwelt achtet, wird sich beim Kauf eher für regionale, deutsche oder zumindest Produkte aus der EU entscheiden. Das reduziert nicht nur den CO_2-Ausstoß beim Transport, sondern minimiert maßgeblich das Risiko für Schadstoffbelastung.

Zusammenfassend gilt beim Kauf von Hundespielzeugen:

- Produkte mit verdächtigem chemischem Geruch sollten vermieden werden.
- Mangelnde oder unzureichende Informationen zur Zusammensetzung oder Herkunft eines Produkts sind ein Warnsignal.
- Viele Hersteller außerhalb der EU verwenden teilweise hochgiftige Substanzen in der Produktion.
- Durch den Kauf regionaler Marken unterstützen Sie die heimische Wirtschaft und verbessern die CO_2-Bilanz durch kürzere Transportwege.

6.5. Ein verhaltensbiologischer Blick aufs Schnüffeln

Priv.-Doz. Dr. Udo Gansloßer ist Dozent für Zoologie (Schwerpunkt Verhalten) am Institut für Zoologie und Evolutionsforschung mit Phyletischem Museum u.a. der Friedrich-Schiller-Universität Jena und am Fachbereich Biologie der Universität Vechta. Wir fragten bei ihm nach:

Lieber Udo,
vielen Dank, dass Du uns als Interviewpartner zur Verfügung stehst. Deine verhaltensbiologischen Ergänzungen zum Thema sind eine wertvolle Abrundung! Schnüffelspiele und Beschäftigungsangebote rund um die Hundenase gibt es mittlerweile ja in allen Varianten. Aber wie siehst Du das Angebot aus verhaltensbiologischer Sicht?

Grundsätzlich ist eine solche Form der Beschäftigung für Hunde gut geeignet. Gerade die ersten Stadien der Verhaltensweisen rund um den Nahrungserwerb, z.B. eben das ungerichtete Suchverhalten auch mit Hilfe der Nase, sind ja sehr stark von innen motiviert. Wenn man also eine solche innere Motivation zum Erkundungsverhalten durch sogenannte funktionelle Substitution bedient, kann man tatsächlich bei Hunden eine bessere Beschäftigung erreichen.

Funktionelle Substitution bedeutet in dem Zusammenhang, dass einem Tier durch Ersatzobjekte ermöglicht wird, ein Verhalten aus seinem natürlichen Repertoire auszuleben. Ein Beispiel hierzu wäre ein Bär im Zoo, der einen angebotenen Kartoffelsack wie den Bauch eines Beutetiers aufreißt, um dann in der Holzwollefüllung nach Nahrung zu wühlen wie in den Eingeweiden eines Beutetieres.

Gut vorbereitet klappt auch das gemeinsame Schnüffeln.

Dabei sind aber zwei Aspekte zu beachten:
Einerseits ist die Bedienung des Funktionskreises Nahrungserwerb kein Ersatz für ausgedehnte Sozialkontakte mit dem Menschen und gegebenenfalls auch mit anderen Hunden. Denn die beiden Funktionskreise können einander nicht ersetzen. Es gibt keinerlei wissenschaftliche Erkenntnisse, die belegen, dass gezielte Schnüffelaktionen das Mensch Hund Miteinander fördern können! Wobei die soziale Zuwendung in solchen Situationen und die Interaktion miteinander aber positive Auswirkungen erklären.

Beim gleichzeitigen Agieren mit mehreren Hunden aber muss sichergestellt sein, dass es nicht zu beutemotiviertem Abwehrverhalten untereinander kommt, was man landläufig ja gern mit Futterneid bezeichnet!

Zweitens ist darauf zu achten, dass am Ende der Aktivität das Zufriedenheitssystem im Selbstbelohnungsbereich aktiviert wird. Kleine Trockenfutterleckerli tun das schwerlich, da diese sogleich geschluckt werden. Am Ende ein Stück Kauknochen, ein größerer (!) Keks, die Futtertube oder etwas Vergleichbares sind geeigneter, um die Bewegungen des Kauens und Schleckens auszulösen und einen positiven Abschluss zu bilden.

Gibt es „talentiertere" Schnüffler und weniger ambitionierte?
Spielt eventuell die Anatomie des jeweiligen Hundekopfes mit eine Rolle?

Einige Einzelbeobachtungen lassen vermuten, dass die Fähigkeit zur Geruchsdifferenzierung bei solchen Hunden besonders gut funktioniert, die bereits als Welpen in Duft angereicherter Umgebung aufwachsen. Dass die Anatomie dafür nicht so entscheidend ist, zeigen sowohl neue Untersuchungen an Gehirn und Schädel sogenannter Nasenhunde, die sich da nicht von anderen Arbeitstypen unterscheiden. Zudem hat der kanadische Hunderiechforscher Nathan Hall vor einiger Zeit aufgezeigt, dass z.B. Möpse bei Geruchsdifferenzierung nicht schlechter sind als Deutsche Schäferhunde. Greyhounds dagegen schnitten sehr viel schlechter ab. Und da kommen ganz moderne Erkenntnisse der Genetik ins Spiel: Hunderassen unterscheiden sich nämlich stark in der genetischen Ausstattung der Geruchsrezeptorvielfalt. Und da sind Greyhounds tatsächlich schlecht dran.

Im Riechsystem des Hundes finden Vorgänge statt, die auch mit dem Glücks- und Belohnungs-Hormon Dopamin in Verbindung stehen. Was bedeutet das für das Schnüffeln und den Hund?

Greyhounds scheinen genetisch eine geringere Geruchsrezeptorvielfalt zu besitzen.

In der Tat sind viele Bestandteile im Riechsystem der Hunde, schon von den ersten Verarbeitungsschritten hinter der Riechschleimhaut an, mit dem Selbstbelohnungs- und Suchtbotenstoff Dopamin ausgestattet. Eine besonders starke Aktivierung gibt es dabei dann, wenn gleichzeitig Skelettmuskulatur aktiv ist wie z.B. beim Vorwärtslaufen (Mantrailing, Flächensuche) oder wie es beim schnellen Schnüffeln geschieht. Und hier bieten die Schnüffelteppiche vielleicht wirklich einen Vorteil: Gerade weil sie recht klein sind haben sie eventuell sogar weniger Suchtgefahr als die traditionellen Formen der Nasenarbeit mit gleichzeitigem Vorwärtslauf!

Daher ist es aus ***verhaltensbiologischer*** *Sicht wichtig*

a.) solche Aktivitäten zeitlich zu begrenzen (bereits nach ca. 4 min gleichmäßiger Bewegung beginnt die Ausschüttung der auch suchtgefährdenden Hirn eigenen Opiate) und

b.) andererseits – wie bereits eingangs erwähnt – eben am Ende den motivationalen Gegenspieler, nämlich das von Serotonin gesteuerte passive Zufriedenheits-System, anzuschalten. Nur, wer am Ende auch den Erfolg genießen kann, bleibt vor der Sucht besser geschützt!

Vielen Dank für Deine Ausführungen!

Aus verhaltensbiologischer Sicht empfiehlt sich nach einer Schnüffelrunde eine etwas längere Leck- und Kauaktion, um das Zufriedenheitssystem zu aktivieren.

7 WAS ES ALLES BEI KNAUDER'S BEST GIBT

Martin erklärt die Besonderheiten der einzelnen Produkte.

Grundsätzlich lassen sich zwei Arten von Schnüffelpads unterscheiden. Zum einen gibt es den Schnüffelrasen, der, nachdem er mit Leckerlis befüllt wurde, vom Hund selbständig durchsucht und bespielt werden kann. Dank der hochwertigen Verarbeitung – alle Fransen sind genäht und nicht nur geknotet – besteht für den Hund keine Verletzungsgefahr, selbst wenn bei der Suche auch mal die Pfoten zum Einsatz kommen. Es besteht keine Gefahr des Hängenbleibens und daraus resultierender Verletzungen. Deshalb eignet sich der Schnüffelrasen nicht nur für die tägliche Spieleinheit, sondern auch hervorragend für Hunde, die alleine zuhause, im Hotelzimmer, Wohnwagen oder in der Ferienwohnung bleiben müssen – vorausgesetzt, sie haben keine Freude am Zerlegen von Spielzeugen!

Ein weiteres großartiges Einsatzgebiet für den Schnüffelrasen sind Büros und Arbeitsplätze, an denen Hunde willkommen sind und ihre Besitzer täglich begleiten dürfen. Die geduldig auf den Feierabend wartenden Vierbeiner können zu einer kleinen Schnüffelsuche zwischendurch eingeladen werden. Außerdem kann der Schnüffelrasen zur Ablenkung genutzt werden, wenn Besucher kommen und eine ruhige und geordnete Anwesenheit des Hundes erwünscht ist.

Nicht nur Schnüffeln macht glücklich! Kuscheln auch!

Bei den übrigen Schnüffeltools steht die gemeinsame Beschäftigung im Vordergrund. Ziel ist es hierbei, Bindung aufzubauen (bei scheuen, ängstlichen, unsicheren Hunden, z.B. aus dem Tierschutz) oder sie zu vertiefen, die Körpersprache des Hundes deuten zu lernen, die Kommunikation zu verbessern, Vertrauen aufzubauen und eben dadurch weiter zu einem prima Gespann zusammenzufinden.

Dadurch, dass der Hund bei einigen dieser Schnüffeltools das Leckerli nur anzeigen kann und zur Auflösung

So könnte eine Designänderung aussehen.

unsere Hilfe benötigt, ist hier eine besonders intensive Zusammenarbeit nötig. Der Hund lernt auf spielerische Art und Weise, dass ihm in für ihn unlösbaren Situationen sein Mensch zur Seite steht und weiterhilft.

Gerade die Tatsache, dass manche Verstecke nicht alleine oder in Augen des Hundes nicht schnell genug gelöst werden können, bedingt die Gemeinsamkeit dieser Beschäftigung als absolute Voraussetzung. Es könnte sonst unter Umständen durchaus vorkommen, dass ein frustrierter Vierbeiner eine Designänderung des Schnüffeltools vornimmt ...

Einzelne Produkte kurz vorgestellt

7.1. Der Schnüffelrasen

Er ist der Klassiker schlechthin! Als erstes Ergebnis unserer Produktion, erfreut er mittlerweile schon mehr als 10 Jahre eifrig schnüffelnde Hundenasen. Über 1150 „Halme" und fast 3 qm hochwertiger Polarfleece machen den Schnüffelrasen voluminös dicht und dabei kuschelig weich. Je nach Platzierung der Leckerlis auf oder in dem Rasen wird die Herausforderung und die Beschäftigungsdauer für den vierbeinigen Freund variiert.

Mit ca. 60 x 60 cm in der normalen Größe (es gibt auch eine XL-Version in 70 x 90 cm!) hat der Schnüffelrasen eine praktische Größe. Er kann sowohl zuhause eingesetzt wie auch auf Reisen mitgenommen werden. Mit ihm hat der Hund stets etwas Vertrautes dabei, womit er sich in der Fremde auseinandersetzen und schnüffelnd beschäftigen, entspannen bis beruhigen kann. Auch für ältere Hunde oder solche mit Handicap bietet die überschaubare Fläche die Garantie für schöne Erlebnismomente mit leicht zu erreichenden Erfolgen.

Zu einem sorgfältig durchdachten Produkt gehören natürlich auch die hohe Qualität der verwendeten Materialien, der Verarbeitung und beste Pflegeeigenschaften.

Wie alle Schnüffelprodukte von Knauder's Best ist der Schnüffelrasen schadstofffrei (Ökotex100), waschbar und Trockner geeignet und zudem durch die Fachstelle für tiergerechte Haltung und Tierschutz zertifiziert.

7.1.1. Fallbeispiel Jazz

Jazz war eine Hündin, die nie großes Interesse an Spielzeug oder jeglichem „Animationsprogramm" hatte. Über-

haupt lebte sie eher in ihrer eigenen Welt, und nicht selten offenbarte sie Verhaltensweisen, die an einen Autisten denken ließen. Sie brauchte Routinen, Rituale und feste Bezugspunkte, ansonsten geriet sie in Unsicherheit und Stress. Von einer Ausstellung wurde ein Schnüffelrasen, der damals noch das Doggytool-Logo trug, mitgebracht. Eigentlich war er für die anderen Hunde gedacht, doch sehr schnell zeigte Jazz, die einem guten Leckerchen nicht abgeneigt war, großen Gefallen an dem flauschigen Textil. Die Menschen waren überrascht und erstaunt, Jazz begeistert! So wurde ein Abendritual eingeführt: Während alle anderen Hunde ihr abendliches Betthupferl aus der Hand erhielten, bekam Jazz den Schnüffelrasen mit kleinen Leckereien bestückt. Akribisch und gewissenhaft suchte das doch im Alltag etwas spezielle Hundemädchen den Rasen ab, um ihn nach getaner Arbeit für die Nacht als Kopfkissen zu benutzen.

Fortan kam der Rasen auch auf Reisen mit, was das Unbehagen vor der Fremde bei Jazz wesentlich minimierte und ihr offenkundig guttat.

Müde und entspannt nach einer Schnüffelrunde.

7.2. Der Sniffstar

Der Sniffstar vereint einen Mini-Rasen in der Mitte, mit leicht zugänglichen und schwerer zu erreichenden Verstecken in den Seitenarmen. Auch lassen sich Verstecke so trainieren, dass der Hund sie anzeigen soll, um dann seine Belohnung vom Menschen zu erhalten. So wird auch die Kooperation bei diesem Schnüffeltool großgeschrieben. Und gelungene Kooperation schafft Vertrauen und führt zu einer harmonischen sozialen Bindung. Hier darf der Mensch kreativ werden und z. B. Leckerlis tief zwischen den „Grashalmen" vergraben oder zwischen den Stofflagen versenken. Oder die „Tentakel" werden verknotet und verbergen zur Abwechslung auch mal ein kleines Spielzeug im Inneren.

Da sich der Sniffstar klein zusammenrollen und bequem mitnehmen lässt, ist er auch gut für unterwegs geeignet. Sei es auf einfachen Spaziergängen oder als entspannende Abwechslung zwischen Trainingseinheiten auf dem Hundeplatz oder bei Social-Walks, das kleine Packmaß lässt den Sniffstar überall dabei sein.

7.2.1. Sniffstar-Einsatz bei Social-Walks

Petra nimmt den Sniffstar gerne mit auf Social-Walks. Je nach Gruppenkonstellation ergeben sich bei solchen Spaziergängen mehr oder weniger mögliche Stresssituationen für die Hunde. Natürlich werden diese auf einem erträglichen und zu bewältigenden Level gehalten, Distanzen bei Bedarf erhöht. Dennoch stellt die Anwesenheit von Artgenossen für den einen oder anderen Teilnehmer eben eine größere Herausforderung dar. Gerade deshalb gibt es ja auch Social-Walks, die Mensch und Hund hier weiterhelfen und solche Situationen zu meistern lehren sollen.

In Pausen, bei denen die Teilnehmer entsprechend angepasste Abstände zueinander haben, darf nacheinander (!) jeder Hund einige Leckereien aus dem Sniffstar erschnüffeln oder ertüfteln. Sollten stark beutemotivierte Hunde anwesend sein, so nimmt man diese dabei aus dem Blickkontakt mit den Artgenossen heraus und erhöht eventuell die Distanz noch zusätzlich.

Das Schnüffeln kann die individuelle Anspannung abbauen, dabei sogar zusätzliche positive (!) Emotionen in Anwesenheit anderer Artgenossen entstehen lassen durch die Aktivierung lustgebundener und beglückender Hormonausschüttungen.

Leckerlis können zwischen den „Grashalmen" versteckt werden.

Bewegliche Arme und raffinierte Verstecke verhindern ein Herausfallen der Leckerlis.

Durch einfaches Umstülpen ergeben sich immer wieder neue Möglichkeiten.

Im großen Innenraum finden nicht nur kleine Leckerlis, sondern auch größere Belohnungen Platz.

Der Sniffstar lässt sich sehr klein zusammenstecken.

Die langen Arme bieten unzählige Möglichkeiten: einrollen, verknoten und ineinander stecken.

7.3. Die Sniffroll

Die Sniffroll ist ein wahrer Tausendsassa und der ideale Schnüffelspaß für unterwegs! Sie ist mit ca. 30 x 20 x 20 cm klein und handlich und bietet eine Vielzahl an Möglichkeiten für immer neue Herausforderungen und sogar für Apportier-Übungen. Während die eine Seite einen Mini-Schnüffelrasenbüschel besitzt, befindet sich auf der anderen Seite ein kleines Stoffbahnenlabyrinth. In der Mitte der Rolle bietet eine Tasche Platz für größere Leckerchen oder auch für ein kleineres Spielzeug. Mit einer Stofflasche lässt sich diese Tasche abdecken.

Die Seiten können nacheinander oder gleichzeitig befüllt werden. Mit jedem neuen Spiel kann der Mensch hier neu falten und wenden, die Stofflagen können nach innen oder außen gestülpt oder komplett zusammengerollt werden. So lernt der Hund auch das kleinste Leckerli im kniffligsten Versteck zu erschnüffeln.

Durch die mittlere „Tasche“ ist die Rolle aber auch wie eine Handpuppe zu bedienen, so dass ein Kontakt zum Hund „indirekt direkt“ ermöglicht wird, was viele Einsatzmöglichkeit im therapeutischen Bereich und/oder bei der Arbeit mit scheuen, unsicheren, vorsichtigen Hunden (oder solchen Menschen!) bietet. Unser Fallbeispiel unten verdeutlicht solches.

Den Clou bietet aber die Zusammenfaltbarkeit der Rolle, bei welcher man aus der Rolle einen Ball machen kann, der wieder die Phantasie des Menschen fordert und viele Versteckmöglichkeiten bereithält!

Die Sniffroll lässt sich auch wie ein Handschuh nutzen und hilft, wenn eine direkte Berührung durch oder mit dem Hund (noch!) als unangenehm empfunden wird.

7.3.1. Sniffroll im Kindergarten und Seniorenheim

Steffi besucht mit ihrer mittelgroßen Hündin Paula seit langer Zeit Kindergärten und Seniorenheime. Das fröhliche, immer vor Aktivität sprühende Team ist überall gern gesehen. Steffi hat extra eine Ausbildung mit Paula zur Tiergestützten Intervention absolviert und diese mit Bravour gemeistert. Und ständig bildet sich Steffi weiter und macht sich Gedanken, wie sie Paulas Einsätze noch optimieren kann. Häufig ist ihr sowohl im Kontakt von Kindern und Hund als auch von Senioren mit Hund aufgefallen, dass Freude und Interesse auf der einen Seite stehen, Vorsicht, Zögerlichkeit und Zaghaftigkeit bis Unsicherheit und Furcht aber nicht selten auf der anderen.

Der direkte Kontakt mit dem „echten" Lebewesen ist nun einmal etwas anderes als das Kuscheln mit einem Teddybären oder der Kontakt zu einem Roboter, wie sie zunehmend in Seniorenhäusern vorzufinden sind. Steffi nutzt da gerne die Sniffroll als eine Art „Handschuh", welchen Kind oder Senior anziehen können. Das warme, weiche Material macht das sehr angenehm. Eine Leckerlistange muss so nicht direkt angefasst werden, kann aber trotzdem von innen festgehalten und dem Hund offeriert werden. Auch der direkte Kontakt zu Hundespeichel oder -zähnen wird auf diese Weise vermieden. Diese Vorgehensweise hilft oft, die anfängliche Skepsis zu besiegen, positive Erfahrungen zu vermitteln und das Vertrauen in den Hund und seine Unbedenklichkeit zu erhöhen.

In der große Tasche lassen sich auch große Belohnungen verstecken.

Die Seiten können nacheinander oder gleichzeitig befüllt werden.

Die Leckerlis lassen sich ins „Labyrinth“ einrollen, dafür eignen sich die Stofflagen, um so die Leckerlis regelrecht zu verpacken.

Durch Falten und Wenden bleibt die Sniffroll mit jedem neuen Spiel abwechslungsreich. Einfach Stofflagen nach innen oder außen stülpen.

Die Sniffroll lässt sich sehr klein zusammenrollen, so wird aus der Rolle ein Ball.

7.4. Die Sniffbox

Die Sniffbox ist ein 30 x 30 x 30 cm großer Würfel, der den Vierbeiner verschiedenste „Beuteverstecke“ in unterschiedlichen Höhen und Lagen erkunden lässt. Es wird sowohl eine Schnüffelrasenfläche geboten, so wie auch viele leichtere und schwierigere Suchaufgaben. Hierbei kann der leichte, dennoch stabile Würfel geschoben, gedreht, gestupst oder auch getragen werden. Der Bezug ist selbstverständlich waschbar und der Innenkarton einzeln nachbestellbar.

Viele Hundebesitzer haben Bedenken, ob der motivierte Profischnüffler dem Würfel nicht ein schnelles Ende beschert. Die Praxis zeigt aber, dass die Hunde sehr schnell verstehen, wann sich eine Beschäftigung mit dem Würfel lohnt und wann eben nichts zu finden ist. Sind alle Verstecke gefunden und geleert, verschwindet auch das Interesse und es kommt nicht zu Zerstörungsanfällen.

Außerdem sollte bei nur ansatzweise bestehenden Bedenken in solche Richtung der Hund nicht mit zerstörbaren Spielzeugen unbeaufsichtigt bleiben! Sei ein Spielzeug noch so weich und aus biologischen Materialien, ein gesundheitliches Risiko besteht bei unsachgemäßem Gebrauch, Zerstörung und womöglich Verschlucken von Teilen immer!

7.4.1. Asha und ihre Sniffbox

Asha lebte die ersten drei Jahre ihres Lebens in einem Schuppen und auf einem Grundstück in Osteuropa. Sie kannte nichts, als sie nach Deutschland kam, war aber lernbegierig und -willig und zeigte sich durchaus zugänglich und kooperativ für Lerneinheiten. Sie hatte großes Interesse an der im Flur stehenden Sniffbox ihrer Hundevorgänger und lernte sehr schnell, dass eine gründliche Untersuchung des Würfels doch immer mal wieder lohnenswert war. Mal lag etwas drauf, mal war etwas im „Rasen" versteckt, mal musste man die dicke Nase in eine Tasche oder in ein Loch stecken, um darin etwas Leckeres oder auch mal einen kleinen Teddy zu finden. Und immer war der Mensch vorher in die Richtung gegangen, also lohnte es sich auch, den Menschen zu beobachten. Bald schon konnten kleine Lerneinheiten mit eingebaut werden: Ein „Warte", bis sie suchen durfte, ein „Sitz und Warte", bis sie zur Aktion freigegeben wurde, im weiteren Verlauf auch mit erhöhten Distanzen und längeren Zeitspannen. Begeistert und hochmotiviert lernte sie so, auch in anderen Zimmern zu warten, den Würfel, den sie auch begrifflich als Würfel gelernt hatte, im ganzen Haus zu suchen und ihre „Beute" daraus zu befreien. Asha liebt ihren Würfel!

Mit der Sniffbox lässt es sich herrlich spielen!

7.5. Der Sniffmaster

Der Sniffmaster ist quasi eine Würfelvariante komplett aus Stoff. Er hat eine Größe von 25 x 25 x 25 cm und ist eher etwas für erfahrenere Schnüffler, denn die Besonderheit am Sniffmaster ist das im Inneren verborgene Tunnel- und Höhlensystem und die Tunnelschläuche, die auf dem Weg zum Leckerli erst einmal überwunden werden wollen.

Einige der Tunnelschläuche sind im Inneren miteinander verbunden, so dass diese z.B. mit einem eingerollten Leckerli komplett in das Innere des Würfels gezogen werden können. Diese Aufgabe zu lösen, ist schon wirklich eine der großen Herausforderungen für den Hund. Aber es wäre auch völlig o. k., wenn Ihr Fellpartner das Leckerli nur anzeigt und Sie gemeinsam den Weg zum Leckerli erkunden. Das ist Bindungsarbeit auf hohem Niveau und macht zugleich so viel Spaß! Aufgrund der Tunnelschläuche ist der Sniffmaster eher für langschnäuzige Hunde geeignet.

7.6. Die Sniffpads

Die diversen Sniffpads bieten als Decken eine Kombination aus verschiedenen Schnüffelflächen und Versteckmöglichkeiten in Taschen, Lappen und Stoffstreifen. Die Pads unterscheiden sich unwesentlich in Schwierigkeitsgraden, sondern mehr in der Form und farblichen Gestaltung. Für die Reise oder zum Mitnehmen allgemein gibt es auch kleinere Versionen, quasi „Pads to go".

Stand Frühjahr 2024, bietet das Sortiment von Knauder's Best folgende Sniffpads:

Sniffpad Classic

100 x 100 cm
Orange, Grün, Lila auf Grau oder
Orange, Grau, Lila auf Grün

Sniffpad Happy

60 x 60 cm
Orange, Grün, Lila auf Grau

Sniffpad Flower

90 x 90 cm
mehrfarbig im Blütendesign

TIPP

Hunden mit breiten Schnauzen, großen Hunden, Senioren, Hunden mit Handicap und ungestümen Junghunden bieten die XL-Versteckmöglichkeiten des Sniffpad Flower extra Spielspaß und schnelle Erfolgserlebnisse.

Sniffpad Buddy

70 x 75 cm
blaugrundig mit Hundemotiv

TIPP

Das fröhliche Sniffpad Buddy ist mit seinen zahlreichen Versteckmöglichkeiten ideal für Welpen und Einsteiger.

Sniffpad Heart

80 x 75 cm
mehrfarbig mit großem Herz

Sniffpad Elements

80 x 50 cm
Diverse Versteckmöglichkeiten in Taschen und Tunneln, mehrere Schnüffelflächen

Sniffpad Elements Single

38 x 24 cm, ideal als Reisebegleiter mit zusätzlichen Verstecken

7.7. Das Knötli

Zerren, Toben, Spaß haben – das Knötli ist die Spiel- und Spaßgarantie für unsere vierbeinigen Freunde. Dieses von Hand geknotete Spielzeug bietet nicht nur körperliche Auslastung, sondern begeistert auch durch seine besondere Knottechnik. Diese macht das Knötli unglaublich dehnbar und extrem strapazierfähig, was eine lange Lebensdauer sicherstellt und vielfältige Einsatzmöglichkeiten eröffnet. Ein besonderes Highlight: In den Zwischenräumen des Knotengeflechts lassen sich Leckerlis oder kleine Kaustangen perfekt verstecken. Das Herausfischen der kleinen Leckereien aus diesen kniffeligen Verstecken stellt eine anspruchsvolle und geistig fordernde Beschäftigung dar, die für zusätzliche Freude und Abwechslung sorgt.

Das robuste Knötli lässt sich einfach verknoten.

Besonders kniffligen Suchspaß erreicht man, wenn man kleine Leckerlis in die Zwischenräume drückt.

Auch große Kaustangen lassen sich durch die Zwischenräume schieben.

7.8. Die Schnüffel-Zahnbürste

Ein gesundes und glückliches Haustier ist der Wunsch eines jeden Tierhalters. Dabei spielt die Zahnpflege eine entscheidende Rolle, um die allgemeine Gesundheit Ihres Vierbeiners zu gewährleisten. Ein regelmäßiges Abendritual kann dabei helfen, die Zähne Ihres Hundes sauber zu halten und Zahnproblemen vorzubeugen. Eine innovative und effektive Methode ist die Verwendung der Knauder's Best Schnüffelzahnbürste in Kombination mit den QCHEFS-Leckerlis. Durch dieses Abendritual verbringen Sie vor dem Zubettgehen gemeinsame Zeit mit Ihrem geliebten Vierbeiner, fördern seine Mundhygiene und bieten ihm die Möglichkeit, sich müde zu schnüffeln.

Das Wichtigste zu allen Schnüffelprodukten noch einmal auf einen Blick

- Hochwertige Materialien
- Problemlos waschbar
- Made in Germany
- Schadstofffreiheit geprüft nach Ökotex 100
- Positiv für Körper und Geist – Schnüffeln macht glücklich und müde
- Beruhigt aufgedrehte Hunde
- Für schnelle Esser – Kann bei schlingenden Hunden zur täglichen Fütterung eingesetzt werden
- Für die weniger Mobilen – Tolle Beschäftigung für alte, verletzte und gehandicapte Hunde
- Für Bürohunde und Regenmuffel – tolle Ergänzung, wenn der Spaziergang mal etwas kürzer ausfällt > 7–10 Minuten intensives Schnüffeln entsprechen fast einem Spaziergang von ca. einer Stunde!
- Bleibt spannend – neue Herausforderungen durch kleinere Leckerlis
- Immer mit dabei – Praktische Größe für unterwegs. Bewährt sich auch im Auto, im Restaurant, im Hotel, in der Ferienwohnung, im Wohnmobil oder Wohnwagen, einfach überall
- Flauschiger Lieblingsplatz – Nach dem Schnüffeln einfach einkuscheln und glücklich einschlafen

8 DIVERSE EINSATZGEBIETE

Bereits im vorangegangenen Text haben wir eine Fülle von Beispielen benannt, wo und wie Schnüffeltools sinnvoll und Spaß machend eingesetzt werden können. Ob im sozialen Bereich z.B. in Kindergärten, Schulen, Krankenhaus, Behinderteneinrichtungen oder Seniorenheimen, ob im gewerblichen oder hobbymäßigen Miteinander von Menschen und Hunden oder einfach „nur" zuhause in den eigenen vier Wänden, im Garten, bei Urlaubsreisen zur Beschäftigung mit dem eigenen Hund und, und, und – Schnüffeln ist immer ein gern angenommenes Angebot für unsere Hunde. Es passt zu jedem Hundetyp, jedem Alter, jedem Fitnesslevel und im Prinzip auch zu jeder Tages- und Nachtzeit, z.B. wenn vielleicht die „senile Körbchenflucht" den hundlichen Senior an der verdienten Nachtruhe hindert und den Menschen gleich mit wachhält.

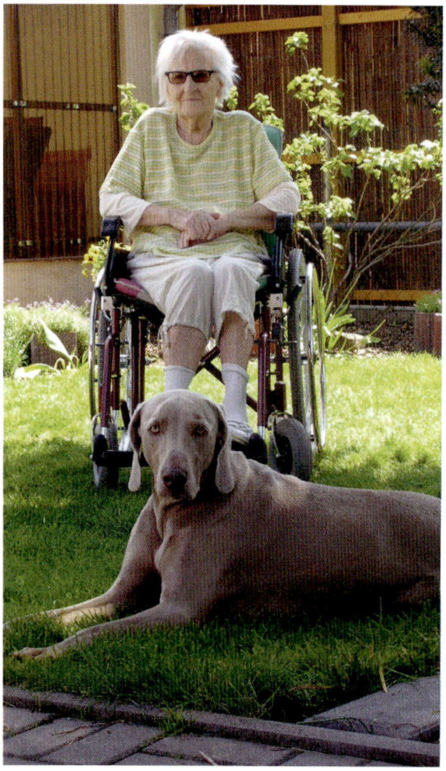

Hunde leisten großartige Dienste in Senioren- und Behinderteneinrichtungen. Schnüffelpads können diese Arbeit wundervoll unterstützen.

Alle Beispiele bieten Anregungen, für den individuellen Fall angepasste Schnüffelaktionen zu gestalten und motiviert zu starten. Der eigenen Phantasie sind kaum Grenzen gesetzt, probieren Sie sich und Ihren Hund aus. Bitte beachten Sie nur, dass die Schwierigkeit dem Können angepasst sein muss. Nichts ist demotivierender als Frust, der Spaß darf nicht auf der Strecke bleiben und ein Erfolg muss erzielt werden können!

8.1. Schnüffeln im Welpenalter

Die Grundlage für eine harmonische Beziehung zwischen Mensch und Hund ist ein starkes Vertrauensverhältnis, das bereits ab dem Welpenalter aufgebaut werden kann. Intensive Beschäftigung mit dem Welpen und die klare Kommunikation von Regeln, bilden dabei die Basis.

Regeln geben dem Welpen Sicherheit und er ist Ihnen überhaupt nicht böse, wenn Sie es nicht zulassen, dass er sich z.B. auf dem Sofa seinen Schlafplatz einrichtet, den Flur als Toilette nutzt, sich vom Wohnzimmertisch die Fernbedienung schnappt oder in der Küche das Bein des Esstisches annagt. Für Hunde ist es am angenehmsten, wenn sie uns Menschen als verläss-

lichen Partner betrachten können und das „Nein“ von gestern auch noch morgen und übermorgen seine Gültigkeit besitzt.

Schnüffelspiele sind für die kleinen Energiemonster mit ihrem Erkundungs- und Forschertrieb als Gegenpol hervorragend geeignet, sie können etwas Ruhe in den Tagesablauf bringen. Direkt zum Einstieg bietet sich natürlich der Schnüffelrasen an. Hier könnte dann auch gleich das Welpenfutter perfekt als Leckerli für die Suche verwendet werden.

Natürlich werden bei den ungestümen, ungeduldigen und ungeübten Welpen die Leckerlis zu Beginn erst einmal nur oberflächlich auf den Schnüffelteppich gestreut. Der Welpe soll ja schnell ein Erfolgserlebnis bei seiner Suche haben. Trotzdem sollte man nicht vergessen, vor der Freigabe auf jeden Fall mit der Hand nochmals über den Teppich zu streichen. Das hat zwei Gründe: zum einen wissen wir, dass Hunde Energiesparer sind, wie wir bereits im vorangegangenen Kapitel lesen konnten – und so würde zunächst einmal nur nach dem menschlichen Geruch und erst zweitrangig nach dem Geruch des Leckerlis gesucht werden. Durch das Darüberstreichen wird die Suche also erschwert.

Der zweite Grund für das Darüberstreichen ist eine Verstärkung des Geruchs des Leckerli-Versteckers im Schnüffelrasen. Diese Geruchsaufnahme, die eine positive Verknüpfung hervorruft, zusammen mit den durch die Suche ausgelösten positiven Gefühlen, schafft ein Vertrauensverhältnis und eine Beziehung, die mit jedem weiteren Such- und Schnüffelspiel weiter ge-

Träumen von neuen Schnüffelabenteuern.

stärkt und zu einer Bindungsbeziehung ausgebaut werden kann. Gerade auch in Haushalten mit kleinen Kindern ist diese Art des miteinander Spielens sehr wirkungsvoll, da durch jede Spieleinheit, bei der das Kind die Leckerlis versteckt, der hohe Stellenwert des Kindes aufs Neue bestätigt wird.

Wer mit seinem Welpen gerne größere Herausforderungen angehen möchte, findet im Angebot der Intelligenzspielzeuge oder weiterer Schnüffelspiele eine breit gefächerte Auswahl. Wichtig ist hierbei, dass die Spiele immer gemeinsam erfolgen, der Vierbeiner die nötige Hilfe beim Lösen seiner Aufgabe bekommt und eine Steuerung bezüglich des Zeitpunkts der Auflösung von Seiten des Menschen möglich ist. Somit vermeiden wir, dass Hunde in eine Frustrationssituation kommen und möglicherweise dadurch zum kleinen – oder größeren! – Zerstörer werden.

Die Geschicklichkeit, das Denkvermögen und die Kondition werden bei Schnüffelspielen immens gefördert. Der Welpe wird dadurch kognitiv angeregt und beschäftigt und ist anschließend angenehm müde. Dann bietet z.B. der Schnüffelrasen Platz für ein kleines Nickerchen.
Süße Träume!

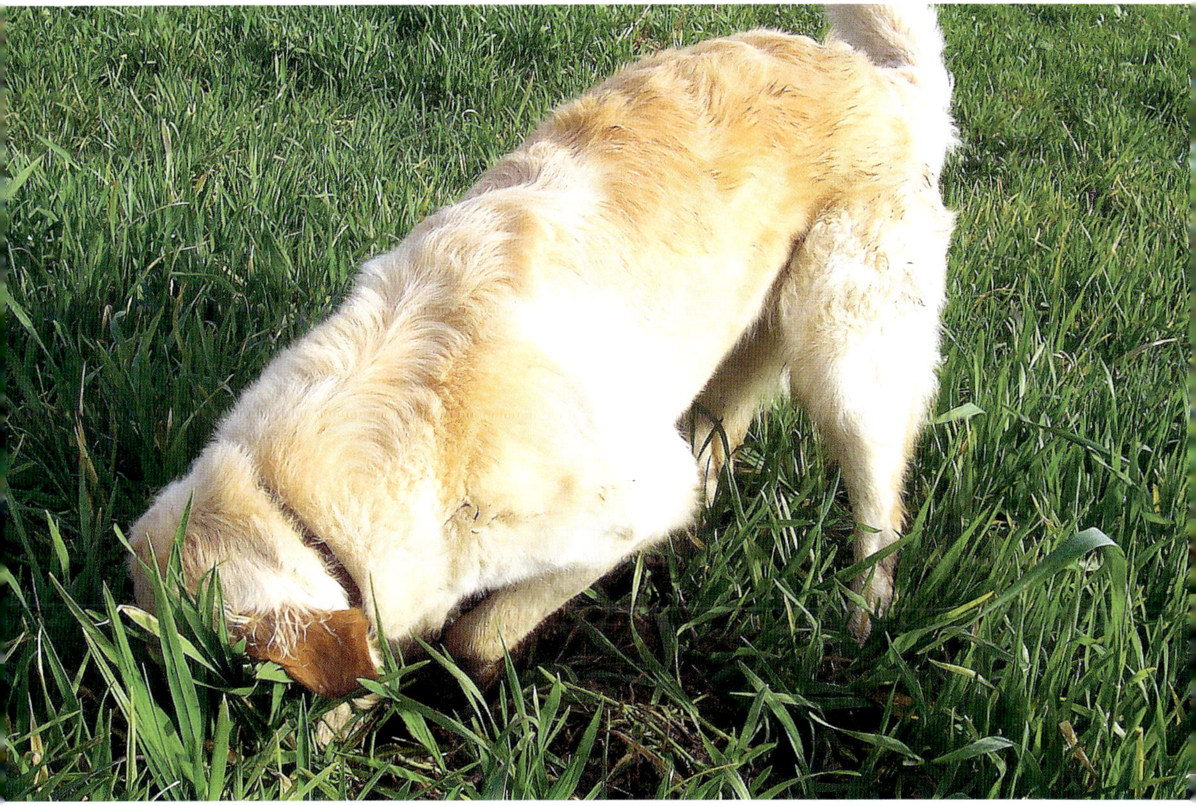

Die meisten Hunde buddeln leidenschaftlich gern. In der Pubertät steigert sich diese Passion und erfolgt auch nicht selten aus Stress und Überforderung, aber auch aus Langeweile heraus.

8.2. Schnüffeln und Pubertier

Pubertierende Hunde durchlaufen eine Phase intensiver Entwicklung, die sowohl für den Hund als auch für seinen Halter herausfordernd sein kann. Während dieser Zeit können Schnüffelmatten eine gute Unterstützung und zahlreiche Vorteile bieten.

Im Welpenalter wie auch in der Pubertät sind Hunde besonders neugierig und lernbegierig. Schnüffelmatten bieten eine prima Möglichkeit, diesen Instinkt auszuleben, zu verfeinern und die mentale Energie in produktive Bahnen zu lenken. Die Suche nach versteckten Leckerlis fordert die kognitiven Fähigkeiten des Hundes und fördert sein Problemlösungsverhalten. Das gezielte Suchen nach Leckerlis erfordert Ausdauer und fokussiertes Arbeiten. Diese Fähigkeiten sind nicht nur während der Pubertät, sondern auch im späteren Leben von großer Bedeutung, aber gerade bei Teenagern, menschlichen wie hundlichen, weniger ausgeprägt. Außerdem trägt es dazu bei, die geistige Schärfe zu verbessern und Langeweile zu vermeiden, die oft zu unerwünschtem Verhalten führen kann. Auch Bekauen, Buddeln oder übermäßiges Bellen sind Verhaltensweisen,

Wer so in die Welt schaut, der heckt nicht selten etwas aus! Überschüssiger Energie und Langeweile lässt sich gut mit einer Schnüffeleinheit begegnen.

die oft nicht erwünscht sind und aus der Unruhe und der überschüssigen Energie des Junghundes resultieren können. Konzentriertes Schnüffeln führt auch hier sowohl zu einer geistigen wie auch körperlichen Auslastung.

Eine weitere unerwünschte Verhaltensweise, die Welpen und Junghunde schnell erlernen, zeigt sich in der folgenden Situation: Es kommt Besuch. Läuft es dann nicht oft so ab, dass das kleine, knuddelige, immer gut gelaunte neue Familienmitglied als erstes von den Besuchern begrüßt wird und die volle Aufmerksamkeit bekommt? Ein vor Freude überschäumendes, am ganzen Körper bebendes Fellknäuel – wer kann da schon „Nein" sagen? Doch was lernt der kleine Vierbeiner daraus? Dass alle Besucher zunächst nur zu ihm kommen! Deshalb müssen sie auch gebührend begrüßt werden. Das bedeutet, der Hund will als erster an der Tür sein und möglicherweise den Besuch auch noch mit Freudebellen ankündigen.

Dieses anfängliche Freudebellen kann sich steigern, wenn der Hund meint, sein Mensch öffnet die Tür nicht schnell genug, es entwickelt sich ein forderndes Bellen. Unbewusst verstärken wir dieses Verhalten, indem wir versuchen, den Hund zu beruhigen und Kommandos geben. Doch anstatt sich zu beruhigen, fühlt sich der Hund bestärkt und will noch mehr Aufmerksamkeit. Das kann die Situation völlig aus dem Ruder laufen lassen.

Soweit sollte es nicht kommen!

Stellen Sie sich einen unangekündigten Besucher oder einen Paketboten vor, der von einem laut bellenden Hund fast umgerannt wird. Die Begeisterung hält sich sicher in Grenzen. Mit zunehmendem Alter des Hundes können auch noch territoriales Verhalten und Beschützertendenzen dazukommen, was aus freudigem Bellen ein abschreckendes Knurren werden lässt.

Eine Möglichkeit, diese erlernte Verhaltensweise umzulenken und ein neues Verhaltensmuster aufzubauen, bietet der Schnüffelrasen. Folgendermaßen könnten Sie dabei vorgehen:

1. Bitten Sie eine Person, die Rolle des Besuchers zu übernehmen, also der Person, die an der Tür klingelt.
2. Bereiten Sie den Schnüffelrasen vor, indem Sie ihn mit sehr guten, für Ihren Hund besonders interessanten Leckerlis bestücken.
3. Laden Sie Ihren Hund ein, gemeinsam nach den Leckerlis im Schnüffelrasen zu suchen.
4. Lassen Sie Ihren Helfer an der Tür klingeln.
5. Ihr Hund wird das Klingeln als Signal erkennen und zur Haustür stürmen. Ignorieren Sie dieses Verhalten, indem Sie beim Schnüffelrasen bleiben und Ihren Hund nicht beachten. Idealerweise sitzen Sie dabei mit dem Rücken zur Tür, um zu signalisieren, dass Sie die Tür uninteressant finden.
6. Laden Sie Ihren Hund erneut zum Schnüffeln auf den Schnüffelrasen ein.

Wiederholen Sie diese Übung mehrmals täglich über mehrere Tage hinweg, bis Ihr Hund nicht mehr auf das Klingeln reagiert. Variieren Sie dazu auch die Leckerlis. Bedenken Sie, dass je länger das unerwünschte Verhalten bereits besteht, desto mehr Zeit und Geduld Sie für das Training einplanen müssen.

Die nächste Steigerung wäre nun das Eintreten des Besuchers, der sich aber ohne großes „Hallo“ einfach still hinsetzt und den Vierbeiner zunächst einmal völlig ignoriert. In dieser Situation könnten dann die Top-Leckerlis zum Einsatz kommen, um dem Hund genug Anreiz zu bieten, am Schnüffelrasen zu bleiben und sich dort selber zu belohnen – trotz eintretendem Besucher. Durch dieses Training erlernt Ihr vierbeiniger Freund, dass es belohnender ist, auf dem Schnüffelrasen zu schnüffeln als zur Türe zu rasen.

UNSER TIPP

Laden Sie zu dieser Trainingssituation nicht gleich den Lieblingsbesucher Ihres Hundes ein, da die Herausforderung sonst möglicherweise zu groß werden könnte.

Wie wir wissen, ist die Pubertät nicht nur eine intensive Lernphase, sondern ebenfalls eine Zeit hormoneller Veränderungen, die zu Stress und Unsicherheit führen können. In der Pubertät lernen Hunde selbstständiger zu werden.

Die selbständige, erfolgreiche Suche nach Leckerlis auf Schnüffelmatten oder bei sonstigen gemeinsamen Schnüffelspielen stärkt das Selbstbewusstsein und kann dazu beitragen, Angstzustände und Nervosität zu reduzieren.Gemeinsame Spiele und positive Interaktionen rund um die Schnüffelmatte schaffen wertvolle Momente des Miteinanders und des Zusammenhalts. Durch die positive Verstärkung beim Finden der Leckerlis wird die Beziehung vertieft und das Vertrauen des Hundes gestärkt. Die beruhigende Aktivität wirkt unterstützend auf die Entspannung des Junghundes.

Zusammengefasst bieten Schnüffelmatten pubertierenden Hunden eine sinnvolle und bereichernde Beschäftigungsmöglichkeit.

8.3. Schnüffeln und Senior

Schnüffelmatten sind für Hundesenioren von großer Bedeutung, da sie eine Vielzahl von physischen und mentalen Vorteilen bieten. Die Funktionalität der Nase bleibt auch im fortgeschrittenen Hundealter erhalten, wohingegen die Sehkraft, das Hören und auch die Mobilität nachlassen. Der Stoffwechsel verlangsamt sich und die Beweglichkeit der Hunde nimmt ab, weshalb es umso wichtiger ist, sie aktiv und gesund zu halten.

Ältere Hunde neigen dazu, sich nicht so leicht begeistern zu lassen und können geistig abbauen, wenn sie nicht ausreichend stimuliert werden. Auch die Aktivität lässt nach oder Bewegung ist aus krankheitsbedingten Gründen schwerer möglich.

Schnüffelmatten bieten eine hervorragende Möglichkeit, die geistige Aktivität zu fördern. Durch das Suchen und Finden von versteckten Leckerlis wird das Gehirn des Hundes angeregt und seine kognitiven Fähigkeiten können länger erhalten bleiben. Das Herumschnüffeln auf der Matte oder an der Sniffbox fördern die Mobilität und können helfen, altersbedingten Beschwerden vorzubeugen.

Das Nachlassen körperlicher und sensorischer Fähigkeiten führt oft zu Unsicherheit und Angstzuständen bei älteren Hunden. Das Schnüffeln auf einer Schnüffelmatte wirkt beruhigend und hilft, Stress abzubauen. Dabei bietet sich gleichzeitig die wertvolle Gelegenheit einer positiven, bindungsfördernden Interaktion zwischen dem Vierbeiner und

Spiele für Senioren.

seinem Menschen. Das innige, geduldige Miteinander, die Hilfestellung, falls Hilfe benötigt wird, die erfolgreich gelösten Aufgaben und das anschließende Lob seines Hundemenschen schenken dem Senior Vertrauen und stärken sein Selbstbewusstsein. Dieses Miteinander ist besonders wichtig für das emotionale Wohlbefinden älterer Hunde, da es ihnen Sicherheit, Geborgenheit und ein Gefühl der Wertschätzung vermittelt.

Besonders erfüllend ist es, Hunden zuzusehen, die mit dem Alter ihren Appetit verloren haben und deren Interesse am Fressen durch die Suche nach Leckerlis wiederbelebt werden kann, so dass das Fressen nun zu einem spannenden Ereignis und wieder Begeisterung an den Tag gelegt wird.

Betrachtet man nun die Gesamtheit der positiven Einflüsse, gibt es ein klares „JA" zu Schnüffelmatten für Hundesenioren. Sie tragen zu einer Verbesserung der Lebensqualität bei und bieten eine wertvolle Möglichkeit, körperlich und geistig aktiv zu bleiben.

Für großwüchsige Senioren, die mit dem Sitzen oder Sich-Hinlegen bereits etwas Probleme haben und sich auch ungern weit hinabbeugen, ist die Sniffbox eine geniale Alternative.

8.4. Schnüffel-Spaß im Hundetraining

Auf einige Einsatzmöglichkeiten im Hundetraining, ob privat oder gewerblich, in der Hundeschule oder im Verein, wurde an unterschiedlichen Stellen bereits hingewiesen. Gerne sollen aber einige Ideen und Anregungen dem Leser auch hier noch gebündelt offeriert werden. Ich, Petra, setze die Schnüffelpads sehr gerne und auch nicht selten ein. Sie bieten viele Optionen und machen immer Spaß. Und das gefällt den Hunden ebenso wie deren Menschen. Mal sind sie eine Belohnung, mal eine Herausforderung, sie lassen sich auf unterschiedliche Weise in Übungsaufbauten einbinden. Nachfolgend nur ein paar Beispiele aus der Praxis, einige einfache, aber auch Varianten mit steigendem Schwierigkeitsgrad. Hier sind der Phantasie kaum Grenzen gesetzt und jeder mag seine Aufbauten, seine Einsatzgebiete und seine Kombinationen selber finden, ausprobieren, zusammenstellen.

Schnüffeltools lassen sich perfekt ins Hundetraining indoor und outdoor einbauen.

8.4.1. Social Walks und Spaziergänge

Bereits auf Seite 34 wurde auf die Verwendung bei Social Walks hingewiesen. Hier und bei Trainingsspaziergängen (im Einzel- wie im Gruppentraining) kann der Sniffstar oder ein kleiner Schnüffelrasen zur Bestätigung bei Pausen eingesetzt werden, aber auch als individuelle Aufgabe für Hunde, die, aus welchem Grund auch immer (z.B. Unsicherheit oder auch Aversion) Probleme mit Artgenossen oder Menschen haben.

Selbstverständlich sind Distanzen hierbei immens wichtig! Der schnüffelnde Hund muss sich noch ohne Anspannung und Argwohn mit seinem Pad beschäftigen können, auch wenn sich im Umkreis, der vielleicht am Anfang wirklich noch 50 Meter oder mehr beträgt (!), etwas oder jemand bewegt. Und bei einem Hund, der größere Distanz braucht, wird diese auch gegeben und nur langsam und vorsichtig abgebaut. Hier muss gut beobachtet und vorausschauend agiert werden, eventuell ist sogar eine Videokamera eine gute Unterstützung, um zu erkennen, wann der Hund vermehrt mit der Aufmerksamkeit weg vom Pad und in den Außenfokus geht.

Schnüffeln statt zu reagieren oder sich unwohl zu fühlen – eine gute Alternative! Die reizabgewandte Führung des vorbeigehenden Hundes hilft zusätzlich.

8.4.2. Lockere Leine

Hier bilden Schnüffelrasen oder Sniffstar eine gute Verleitung für den Hund, zu welcher er unbedingt hinmöchte, vor allem dann, wenn er die Gegenstände kennt und weiß, dass in der Regel dort etwas Gutes zu finden ist! Doch kommt nur der ans Ziel, der ruhig, langsam und ohne Zug auf die Leine zu bringen gemeinsam mit seinem Menschen voranschreitet. (Siehe auch die Übungsbeschreibung zur Leinenführung ab Seite 121.)

Eine schwere Übung für alle ungestümen Youngster, die viel Impulskontrolle und Frustrationstoleranz abverlangt. Deshalb muss vom Menschen auf dem Weg verstärkt das Angebot an sozialem Miteinander (freundliche Stimme, Lächeln, durchaus auch ein Leckerchen aus der Hand) aufrechterhalten werden, denn es muss ja auch lohnenswert sein, wenn man sich als eifriger Hund alle spontanen Ideen verkneift und sich zusammenreißt! Je interessanter und erstrebenswerter das Miteinander, umso unwichtiger und weniger verlockend die Außenreize!

Sich beherrschen und mit der Aufmerksamkeit beim Menschen bleiben, führt am Ende zur Belohnung!

8.4.3. Warte

Hierbei geht es auch wieder um Impulskontrolle und Frustrationstoleranz, denn der Hund muss eine Weile warten, bis er eine Freigabe erhält und losschnüffeln darf. Je nach Hundetyp, Mensch-Hund-Miteinander und individueller Vorliebe kann das Freigabesignal herausgezögert werden, bis der Hund sich selbständig in eine Ruheposition bringt (zum Beispiel vom Stehen ins Sitz), an der Leine locker steht, ohne vorzudrängen oder den Blick zum Menschen richtet und diesen anschaut.

Variante

> Der Mensch begleitet die Freigabe mit einer Zeigegeste des Arms zum Pad

> Es kommen mehrere Pads zum Einsatz und der Hund wird durch eine klare Zeigegeste zu einem bestimmten Pad geschickt, muss das/die andere/n ignorieren. Hier muss der Aufbau so gestaltet werden, dass ein Fehlagieren des Hundes verhindert werden kann.

Geduldig warten, obwohl die Verlockung so nahe liegt. Aber dann ...!

INTERESSANT

Zeigegesten sind innerhalb des menschlichen Miteinanders sehr gebräuchlich, finden aber auch in der Kommunikation zwischen Mensch und Hund Anwendung! Der Mensch benutzt seine Hände und Finger, um auf etwas zu deuten, ein Verhalten, das sehr speziell menschlich ist. Obwohl z.B. auch Schimpansen Hände und Finger haben, nutzen diese keine Zeigegesten! Umso bemerkenswerter ist es, dass Hunde die menschliche Zeigegeste beachten und zumeist auch korrekt interpretieren. „Hunde verstehen menschliche Zeigegesten wie 1,5–2 Jahre alte Kinder." So sagt es Adam Miklosi im Vorwort zu Ulrike Halsband `Gehirn, Intelligenz und soziales Verhalten von Hunden' (S. 3, LIT Verlag Berlin, 2014). „Miklósi berichtet (weiter), dass die Fähigkeit zum Entschlüsseln von Zeigegesten völlig unabhängig vom Geschlecht und von den Haltungsbedingungen (Wohnungs-, Zwinger-, Grundstückshaltung) ist und auch nicht durch Trainingserfahrungen beeinflusst wird. Bemerkenswert sind die von verschiedenen Arbeitsgruppen gefundenen Unterschiede je nach Aufzuchtbedingungen: Welpen, die menschennah in guten Zuchtstätten aufwuchsen, konnten es durchschnittlich schon ab der 10. Woche, im Tierheim geborene Welpen ca. mit 16 Wochen, sogenannte Straßenhundewelpen mit ca. 24 Wochen – und australische Dingos, die ja als sogenannte Urtyphunde wieder verwilderten, erst im Alter von einem Jahr." (Gansloßer, Krivy, „Schlau macht Wau", S. 58/59, Kosmos Verlag 2020)

Schimpansen untereinander nutzen keine Zeigegesten, obwohl sie Arme, Hände und Finger haben. Sie verständigen sich mehr mit Blicken. Zeigegesten sind zutiefst menschlich, werden aber auch bereits von jüngsten Hunden verstanden und sind Bestandteil der Mensch-Hund-Kommunikation!

8.4.4. Der Weg des Gehorsams

Eine Strecke von 50–100 m wird abgesteckt. Auf diese Laufstrecke werden Rally Obedience-Schilder oder Ähnliches positioniert, so dass das Mensch-Hund-Team verschiedene Positionen wie Sitz, Steh, Platz, Drehung, Winkel usw. absolvieren muss. Hier lässt sich dann ein Schnüffelpad

- am Ende zur Belohnung,
- in die Strecke zur Abwechslung oder
- in die Strecke als Verleitung positionieren.

Steh, Platz, Sitz – und Hurra!

8.4.5. Die sportliche Strecke

Auch bei Übungsaufbauten mit Geräten setze ich die Schnüffelpads gern mit ein. Sie können als Verweilzone mit Gaumenspaß etwas Tempo rausnehmen, wieder als Verleitung dienen oder den krönenden Abschluss bilden.

- Liegt der Tunnel z.B. als U, so kann das Pad vor dem Ausgang ausgelegt werden.

In diesem Fall muss der Hund zuerst daran vorbei und dann durch den Tunnel, um zum Schnüffelpad zu gelangen.

- Stürmen Hunde etwas zu schnell über die Brücke, so können kleinere Pads auf der geraden Strecke die Geschwindigkeit drosseln. Gleichzeitig ist der Blick nach unten gerichtet und der Hund nimmt wesentlich besser wahr, wo er sich dort befindet. Nicht selten sieht man Hundehalter mit Futter in der Hand neben der Brücke herlaufen, wodurch sie gierigen Hunden den Blick von der Laufrichtung und dem Untergrund nach oben oder zur Seite weglenken (Hans-guck-in-die-Luft-Effekt!). Der Hund kann dann leicht vom Gerät herunterfallen oder abspringen, was beides nicht gewünscht ist.

- Auch skeptischen Hunden, die sich unsicher auf der Brücke fühlen, aber an einem Häppchen noch Interesse hätten, kann man die Aufbringung von Mut mit dem Schnüffelpad gut bestärken.

- Aus dem Gebrauchshundesport kennen wir den Apport über eine Hürde. Dem Hund macht es aber auch Spaß, wenn er durch einen Reifen oder über eine Hürde „Voran" geschickt wird, dahinter dann aber ein Pad abschnüffeln darf!

- Alternativ kann der Hund wie gewohnt und oben angesprochen zum Apport geschickt werden, darf dann nach dem Zurückbringen und Abgeben des Apportels aber ein Pad abschnüffeln.

- Häufig werden Übungseinheiten für den Hund mit dem Werfen eines Futterbeutels beendet. Alternativ könnte man den Hund zu einem zuvor vorbereiteten Schnüffelpad schicken oder statt Futterbeutel, die zum Ball zusammengefasste und mit Inhalt versehene Sniffroll werfen.

Skeptische und unsichere Hunde lassen sich mit dem Schnüffelrasen nicht selten ermutigen.

8.4.6. Dreiecksübungen

Von Katrien Lismont erschien 2019 im Kynos Verlag das Buch „Ums Eck gedacht". Die dort beschriebenen Dreiecksübungen kommen vielfach aus dem Dummytraining und dienen der Impulskontrolle. Es geht um Konzentration, Kommunikation und Kooperation. Derartige Übungsaufbauten lassen sich auch wunderbar mit einem Schnüffelpad gestalten.

1. Schritt: Das Schnüffelpad wird ausgelegt und vom Menschen bestückt, der Hund wartet und darf zuschauen, bis der Mensch zurückkommt und wieder ruhig neben ihm steht. Dann erhält er die Freigabe und darf schnüffeln gehen. Das ähnelt dem zuvor beschriebenen Aufbau von „Warte".

2. Schritt: Der Hund sitzt und wartet, das Schnüffelpad wird ausgelegt und bestückt, nun jedoch geht der Mensch in einem 90-Grad-Winkel vom Pad weg, so dass sich ein Dreieck (Hund, Pad, Mensch) bildet. Jetzt darf der Hund nicht direkt zum Pad, sondern wird zuvor vom Menschen zu sich herangerufen und dann zum Pad geschickt. Der Weg zum Schnüffeln ist also kein direkter mehr, sondern geht über den „Umweg" Mensch.

   Bestehen auch nur die kleinsten Zweifel, dass der Hund den Ranruf befolgt, so muss über eine Leine gesichert werden, dass der Hund mit selbständigem Verhalten keinen Erfolg hat und nicht das Pad

Dreiecksübungen lassen sich toll variieren, leichter oder schwieriger gestalten.

erreichen kann, wenn er den Ruf des Menschen ignoriert. Es empfiehlt sich dann eine 5 m Arbeitsleine, sodass der Gesamtaufbau immer 5 m Distanzen aufweist und der Mensch durch langsames Rückwärtsgehen den Hund am Erreichen des Pads hindern kann, wenn dieser die Ohren auf Durchzug stellt und lieber der Verlockung auf bzw. im Pad erliegen möchte!

Dreiecksübungen lassen sich nach eigener Kreativität, Mobilität des Hundes, Erziehungsstand, Alter, Lust und Laune variieren, erweitern, von den Anforderungen steigern. Aus dem Dreieck lässt sich ein Vier- oder Mehreck entwickeln, weitere Verleitungen können eingebaut werden und und und. Doch immer sollte der Spaß erhalten bleiben, die Herausforderungen den Hund nicht überfordern und die Aufgabenstellung dem Können des Hundes angepasst sein.

Und nie vergessen: Wenn Schnüffeln im Spiel ist, darf Wasser nicht fehlen!

8.5. Schnüffeln auf Reisen

Schnüffelprodukte sind eine leicht anzuwendende Möglichkeit, Ihren Hund auf Reisen zu beschäftigen und helfen ihm, sich in ungewohnten Umgebungen wohler zu fühlen.

Stellen Sie sich vor, Sie sind mit Ihrem Vierbeiner auf dem Weg in den Urlaub und unterwegs auf der Autobahn. Für die wohlverdiente Pause zwischendurch, um dem Hund die Gelegenheit zu geben, sein Geschäft zu erledigen, ihm Zuwendung zu schenken und ihn ein wenig auszulasten, bieten sich verschiedene Möglichkeiten an.

Eine Möglichkeit wäre, die Autobahn zu verlassen und sich einen abgelegenen Halteplatz zu suchen, von wo aus Sie mit Ihrem Hund eine kleine Runde laufen können. Hier kann er seinen Bedürfnissen nachgehen und natürlich auch ausgiebig schnüffeln. Sie und Ihr Hund können nach dieser entspannenden Pause erfrischt die Weiterfahrt antreten.

Um gute Haltemöglichkeiten zu finden, eignen sich Autobahnabschnitte in dünn besiedelten Gebieten und fern von größeren Städten. Oftmals findet man direkt in Autobahnausfahrt-Nähe einen Park & Ride oder im Idealfall sogar einen Wanderparkplatz.

Diese Orte bieten meist eine ruhigere und sicherere Umgebung, in der Ihr Hund und Sie die Pausenzeit genießen können.

So kann auch an Raststätten sicher geschnüffelt werden.

Alternativ ist der Stopp auf einem Autohof oder einer Autobahnraststätte. Hier heißt es, besonders aufmerksam zu sein, damit der Hund nichts von den vielen herumliegenden Abfällen erwischt und frisst oder sich an scharfkantigen Gegenständen wie Glasscherben oder Konservendosen verletzt. Sicherlich ist dieser Stopp weit weniger entspannend als ein kurzer Spaziergang abseits der Autobahn. Sollte diese Möglichkeit jedoch nicht gegeben sein, könnten Sie Ihren Vierbeiner nach Erledigung seines Geschäftchens, im Auto mit einem Schnüffelspiel beschäftigen. Eine kurze, aber intensive Spielzeit von nur wenigen Minuten reicht vollkommen aus, um den Hund müde zu machen. So kann die Reise entspannt weitergehen.

EIN KLEINER TIPP

Beachten Sie, dass der Boden im Sommer sehr heiß werden kann! Hunde können sich leicht die Pfoten verbrennen und es fällt ihnen schwer, auf heißem Asphalt zu laufen. Planen Sie daher Ihre Pausen sorgfältig und suchen Sie nach schattigen Plätzen mit angenehmeren Bodenbeschaffenheiten.

Gefahren an Raststätten vermeiden.

Nach ausgiebigem Schnüffeln kann es entspannt weitergehen.

Wenn die Reise zum Schnüffelabenteuer wird.

Auch auf Zug- oder evtl. Flugreisen (so man unbedingt mit einem Hund fliegen muss!) kann die Wartezeit mit kleinen Schnüffelspielen kurzweilig gestaltet werden. Für diesen Einsatzbereich gibt es kleinere, handliche Produkte, wie zum Beispiel die Sniffroll, die ohne Aufwand im Handgepäck Platz findet. Auch hierbei genießt Ihr vierbeiniger Begleiter die ungeteilte Aufmerksamkeit, die Sie ihm zukommen lassen, und wird bei der intensiven Leckerli-Suche zudem noch angenehm müde. Trotz ungewohnter Umgebung, fremder Geräusche und Menschenmengen, findet Ihr Hund so leichter zur Ruhe. Die Ablenkung durch das Spiel hilft, ihn von den lauten und ungewohnten Geräuschen eines Bahnhofs oder den schnellen Schritten der Menschen auf den Bahnsteigen abzulenken. Natürlich sollte er aber nicht so viel zu fressen bekommen, dass ihm im Anschluss übel wird und er die Reise mit Unwohlsein und Erbrechen in Verbindung bringt und zukünftig weniger reisefreudig reagieren könnte!

! BITTE BEACHTEN

Vergessen Sie nicht, immer ausreichend Wasser für Ihren Hund bereitzuhalten. Eine Wasserschüssel und frisches Wasser sind auf Reisen unverzichtbar! Gut versorgt wird die Reise für beide Seiten zu einem angenehmen und stressfreien Erlebnis.

Entspannteres Reisen dank Schnüffeltools

Laute Geräusche,

viele unbekannte Menschen

und ungewohnte Situationen, können Hunde verunsichern.

Schnüffeln beruhigt, entspannt und macht Spaß.

9 DIE KNAUDER'S BEST SCHNÜFFELPARTY

KNAUDER'S
BEST

Tiggy
KNAUDE
BES

9.1. Was ist eigentlich eine Schnüffelparty?

Bei einer Schnüffelparty gibt es zuerst spannende Informationen über die Hundenase und was sie alles leisten kann. Nach einem kurzen Vortrag über das Wunderwerk Hundenase gehe ich, Martin, zu praktischen Fallbeispielen mit kurzen Trainingseinheiten über. Dann besteht die Möglichkeit, verschiedene Schnüffelprodukte auszuprobieren – und dabei gibt es natürlich jede Menge Spaß. Zum Ausprobieren werden die einzelnen Schnüffeltools auf Schnüffelstationen ausgelegt.

Nun haben die „Herrchen" und „Frauchen" mit ihren Vierbeinern die Möglichkeit, in aller Ruhe und unter fachlicher Anleitung alle Schnüffeltools auszuprobieren und zu entscheiden, welches Tool am besten zu ihrem Mensch-Hund-Team passt und an welchem ihr Vierbeiner die größte Freude hat. Dabei werden die Produkte natürlich den härtesten Tests bezüglich ihrer Strapazierfähigkeit unterzogen, da ungeübte Schnüffelnasen mitunter doch wenig zimperlich und eher etwas ungestüm und ungeduldig sein können.

Hunde sind begeisterte Schnüffler!

9.2. Warum eine Schnüffelparty?

Zu einer Schnüffelparty werden mehrere Hundehalter gemeinsam mit ihren Hunden eingeladen. Man trifft sich in guter Stimmung und entspannter Atmosphäre am Veranstaltungsort. Das können Hundeschulen, Hundezentren oder auch Tierfachgeschäfte, die über die entsprechenden Räumlichkeiten verfügen, sein.

So treffen viele Hunde und Menschen aufeinander. Durch die entspannte Stimmung ist es z.B. auch für ängstliche Hunde leichter, sofern man ihnen ausreichend Raum (!) und Zeit (!) dazu lässt, sich ihren Unsicherheiten zu stellen und eine positive Gruppendynamik zu erfahren.

Ein großer Vorteil dieser Hundebegegnungen ist das Beisein eines erfahrenen Hundetrainers, der die Situation einschätzen kann und den Mensch-Hund-Gespannen unterstützend beisteht, sofern dies erforderlich sein sollte. Das schafft Vertrauen und Sicherheit.
Die Schnüffelparty fängt für mich (Martin) schon vor der Begrüßung an. Be-

Sind mehrere Hunde anwesend bei der Schnüffelaktion, muss die Gruppendynamik gut im Auge behalten werden. Es sollte sichergestellt sein, dass die einzelnen Hunde nicht futter-/beutemotiviert sind!

reits die Art der Ankunft und die Platzwahl liefern mir wertvolle Informationen zur Analyse des Mensch-Hund-Teams. Ich kann eine Einschätzung zum Hund vornehmen, Alter, Geschlecht, Gesundheitszustand, sein Verhalten, sehe aber selbstverständlich auch den Hundehalter und den Umgang miteinander. Wie agiert das Gespann, wo kann ich vielleicht eine Hilfestellung geben?

Nachdem dann alle Besucher an jeweils einer Schnüffelstation Platz genommen haben, starte ich meinen Vortrag. Schon jetzt binde ich die anwesenden Hunde in meine Praxisbeispiele mit ein und erkläre – möglichst anschaulich! – die Funktionsweisen und verschiedenen Einsatzgebiete der Schnüffeltools.

Während der Veranstaltung versuche ich die Probleme der Teilnehmer im Umgang mit ihren Hunden aufzunehmen, zu analysieren und direkt einen Lösungsansatz dazu zu entwickeln. Während der Test- und Spielphase habe ich dann die Möglichkeit, noch intensiver auf die einzelnen Teams einzugehen. Bei zahlreichen Problemen liegt eine Fehlkommunikation zwischen Hundehalter und Hund vor. So ist für mich oft der erste Ansatz, den Hundehaltern mithilfe der Schnüffeltools Möglichkeiten aufzuzeigen, wie sie die Kommunikation mit ihren Hunden verbessern können, Vertrauen aufbauen und Lösungswege finden.

Oft kommt dabei natürlich der Schnüffelrasen als unser Allrounder in den Einsatz.

Auch auf Alltagsprobleme kann bei den Schnüffelpartys eingegangen werden.

Einer der großen Vorteile des Schnüffelrasens ist seine definierte Fläche, die durch ihre gute Bedienbarkeit hervorragend zum Training eingesetzt werden kann.

Auf die Sniffroll greife ich gerne zurück, wenn ich eine sehr intensive Interaktion zwischen Hundehalter und Hund erreichen möchte. Denn hier ergibt sich durch das offene Mittelteil die Möglichkeit, die Hand hineinzustecken und das Leckerli, das in der Öffnung mit dem Schnüffelrasen versteckt wurde, festzuhalten. Die Bemühungen, die Ausdauer und der Krafteinsatz, mit denen nun der hundliche Spielpartner versucht, an das Leckerli zu gelangen, überrascht manche Hundebesitzer. Andere macht das Engagement sehr stolz. Allen gemeinsam ist aber sicherlich das Gefühl, dem Hund sehr nah zu sein und ihn in diesem Moment wirklich zu spüren. Diese Intensität und die Nähe schaffen eine tiefe Verbindung.

Die Erfahrung zeigt, dass viele Hundehalter dieselben Themen mit ihren Hunden haben. Aus diesem Grund profitieren die meisten Teilnehmer von gemeinsamen Übungen. Sie haben dabei die Möglichkeit, andere Hunde und ihre Halter zu beobachten und dabei zu lernen.

Der Blick „von außen" auf die Trainingssituation kann sehr aufschlussreich sein und neue Lösungsansätze aufzeigen. Aufgrund der sich immer wieder neu ergebenden Gruppendynamik kristallisieren sich unterschiedlichste Situationen heraus, die anschließend miteinander gelöst werden können.
So fangen wir vielleicht mit dem Thema der Beschäftigung an und enden dann z.B. beim Thema Leinenführigkeit. Jetzt könnte man sich natürlich fragen: „Was hat Schnüffeln denn mit Leinenführigkeit zu tun?" Wenn auch nicht sofort ein Zusammenhang erkennbar ist, bietet der Schnüffelrasen auch für das Thema Leinenführigkeit hervorragende Trainingsmöglichkeiten. Vielleicht besteht sogar die Möglichkeit, dass ein Hundetrainer die Übung begleitet.

9.2.1. Beispiel Übung Leinenführung:

Unser Ziel: Geordnetes Gehen zum Schnüffelrasen, mit dem Hund an der Leine, ohne dass dieser daran zieht.

- Positionieren Sie ihren Hund ins „Bleib".
- Dann wird der Schnüffelrasen mit besonders guten, für den Hund sehr interessanten Leckerlis befüllt.
- Nun wird der Schnüffelrasen in einer Entfernung von ca. 10 m vom Hund entfernt auf den Boden gelegt.

Nehmen Sie Ihren Hund nun an die Leine und starten Sie die Übung. Sobald der Hund Spannung an der Leine aufbaut, wird die Übung mit einem Führzeichen oder Aufmerksamkeitssignal, in meinem Fall ist das z.B. ein Schnalzen, abgebrochen. Nehmen Sie Ihren Hund zu sich und kehren Sie zum Ausgangspunkt zurück.

Starten Sie erneut. Läuft der Hund in der von Ihnen gewünschten Geschwindigkeit, sollten Sie ihn verbal loben. Erhöht der Hund das Tempo und nehmen Sie erneut einen Zug an der Leine wahr, brechen Sie die Übung wie

bereits zuvor geschehen, wieder ab und kehren zum Ausgangsort zurück. Bitte beachten Sie, dass es zum Einstieg für Ihren Hund leichter ist, wenn Sie sich in normaler Geschwindigkeit fortbewegen. Laufen Sie nicht langsamer als nötig.

Wiederholen Sie nun die beschriebene Vorgehensweise so lange, bis Mensch und Hund beim Schnüffelrasen angekommen sind. Dort darf der Hund sich jetzt selber belohnen und nach den Leckerlies suchen. Die durch die Trainingssituation hervorgerufene Anspannung wird nebenher durch das Schnüffeln abgebaut.

Lerneffekt: Der Hund lernt dabei, dass auf ihn, wenn er sich der gewünschten Geschwindigkeit anpasst, eine tolle Belohnung wartet.

So wie das Thema Leinenführigkeit können natürlich auch noch weitere Herausforderungen durch die Zuhilfenahme des Schnüffelrasens trainiert werden.

9.3. Positive Nebeneffekte unserer Schnüffelpartys

Da unsere Schnüffelpartys in einem entspannten Umfeld stattfinden, die Teilnehmer letztendlich gemeinsam an ihren Herausforderungen arbeiten und auch ein gewisses Vertrauensverhältnis aufgebaut wird, ergeben sich nach den Veranstaltungen oft neue Freundschaften, bilden sich neue „Gassi-geh-Gemeinschaften“ und die Vierbeiner bekommen neue Sozialkontakte. Hundeschulen und Fachhändler profitieren durch den Mehrwert, den sie durch das Seminar und die außergewöhnliche Veranstaltung ihren Kunden bieten können. Die Schnüffelparty bietet ihnen die Möglichkeit ihre „Stammkunden“ mit etwas völlig Neuem zu überraschen und natürlich auch neue Kunden anzusprechen.

Eines ist auf jeden Fall gewiss: Am Ende einer Schnüffelparty machen sich glücklich geschnüffelte Vierbeiner gemeinsam mit ihren stolzen, mit zahlreichen Informationen versorgten und überaus motivierten Menschen auf den Heimweg, um dort glücklich und zufrieden das Erlebte Revue passieren zu lassen – nicht selten in einer seligen Schlummerrunde.

Martin erzählt wie eine Schnüffelparty abläuft.

BESUCHERSTIMMEN ZUR SCHNÜFFELPARTY

Elke mit Emmy
„Die Schnüffelparty war klasse. Von der Hundeschule gut vorbereitet und begleitet, stellten die Knauders intelligentes Hundespielzeug aus eigener Produktion vor. Dazu gab es Wissenswertes über unsere Vierbeiner und ein kleines Coaching. Der Tag war informativ und gleichzeitig lustig. Habe meine Hunde nochmal anders kennengelernt. Danke dafür!"

Elisa mit Cato
„Die Schnüffelparty von Knauder's Best war eine rundum gelungene Veranstaltung. Wir haben wertvolle Tipps für den Alltag erhalten und konnten die vielen verschiedenen Schnüffeltools vor Ort in Ruhe ausprobieren. Es war erstaunlich zu sehen, wie alle Hunde – unabhängig von Rasse und Alter – die Schnüffelaktivitäten genossen haben. Eine großartige Möglichkeit, die Bindung zu unserem Hund zu stärken und ihn gleichzeitig mental auszulasten."

Sabine mit Arthur
„Die Schnüffelparty von Knauder's Best war super und hat großen Spaß gemacht. Auch als erfahrener Hundehalter kann man noch wichtige und doch so einfache Tricks lernen, die z.B. Hundebegegnungen einfach machen. Nicht zu vergessen, die tollen Schnüffelspiele. Der Hund ist geistig ausgelastet und die Bindung zwischen Mensch und Hund wird gestärkt. Danke für einen rundum gelungenen Nachmittag mit Martin."

Ute mit Yoda
„Schnüffelparty mit Knauder's Best. Trainingsspielzeug zum Anfassen und Testen mit Anleitung der Inhaber selbst. Sind beim nächsten Mal garantiert wieder dabei."

Johanna mit Diego
„Wir waren am letzten Samstag mit unserem Hund Diego bei der Schnüffelparty und es war wirklich super. Martin Knauder hat einen interessanten Vortrag zur Hundenase gehalten und das Ausprobieren der Schnüffelteppiche hat unseren Hund ordentlich angestrengt und begeistert. Es ist eine super Idee von René und Diane dieses Event anzubieten.

Katja mit Dinah
„Wir sind von den Produkten begeistert! Dazu die fachkundige Beratung, sehr informativ. Fachlich perfekt eingehend auf die Menschen und Hunde. Gerne wieder!"

Tim mit Larson
„Absolut begeistert! 5 Sterne sind viel zu wenig. Wir waren Samstag zum ersten Mal auf der Schnüffelparty von Knauder's Best. Super organisiert. Außerordentlich freundliche und liebenswürdige Hundeexperten vor Ort. Die Schnüffelparty ist ein absolutes Highlight. Vielen Dank, wir kommen wieder."

Silke mit Lou und Bärchen
„Die Schnüffelparty war für Lou das Highlight des Jahres. Es wurden allerlei Teams glücklich gemacht!"

Rabea mit Kalle
„Die Schnüffelparty war super. Ich habe viel mitgenommen und fand die Tipps und Ideen eine tolle Sache."

Petra mit Elli
„Ich fand die Schnüffelparty super interessant für Hund und Mensch. Wir erfuhren viel Wissenswertes ... und wie wichtig es ist, den Hund auf spielerische Art und Weise schnüffeln zu lassen."

Brigitte mit Filou:
„Wir waren mit Filou zum zweiten Mal dabei und wieder restlos begeistert von der Schnüffelparty mit Knauders. Vor allem von den praxisbezogenen Tipps konnten wir eine Menge mitnehmen. Vielen Dank dafür, und wir sind gerne beim nächsten Mal wieder dabei."

Katrin mit Cooper
„Cooper hat besonders gut gefallen, dass er seine dicke Nase mal überall reinstecken durfte! Und ich war beeindruckt, wie schnell bei anderen Hunden, die anfangs eher unsicher waren, ein Auftauen zu sehen war."

Gabi und Klemens mit Kalle und Ludwig
„Kalle und Ludwig suchen mit Begeisterung die Decke für „große Nasen" ab. Danach ist sogar der kleine, temperamentvolle Ludwig müde. Kalle findet den Schnüffelrasen in der Mitte am besten, er liegt auf der Decke, Vorderpfoten rechts und links vom Rasen und die Nase durchpflügt systematisch die Decke."

Michaela und Knut
„Brauchen wir eine Schnüffelparty wirklich? Schließlich arbeiten wir mit den Schüffeltools schon länger. Doch Martins Tipps und Tricks haben uns gezeigt, wie wir die Trainingseinheiten noch heraus fordernder und spannender gestalten können. Es war ein schönes, lehrreiches Erlebnis! Vielen Dank!"

Gudula mit Bella und Bobby
„Uns hat es gefallen und es war sehr interessant. So viele Anwendungsmöglichkeiten der einzelnen Produkte!"

Heike mit Lotte
„Ich habe festgestellt, wie viel Spaß mein Hund an solchen Suchspielen hat. Gerade auch im Haus eine tolle Idee, um den Hund zu beschäftigen."

Gaby mit Maggie
„Wir waren zum zweiten Mal bei Knauder's Best Schnüffelparty. In geselliger Runde mit Mensch und Hund wurden wieder viele Themen angesprochen und mit den Hunden gezeigt, wie man mit dem ein oder anderen Alltagsproblem umgehen kann. Anschließend stand das Schnüffeln an den tollen, selbst gefertigten Produkten an. Es ist immer wieder faszinierend zu sehen, welche Freude unsere Maggie dabei hat und wie intensiv sie bei der Sache ist. Wir konnten erst gehen, als Maggie alles ausprobiert hatte."

9.3.1. Was ist ein Führzeichen und wie wird es aufgebaut?

Unter einem Führzeichen versteht man ein akustisches, konditioniertes Signal, das zum Führen des Hundes eingesetzt wird. Mit diesem Führsignal kann dem Hund zum Beispiel ein Richtungswechsel oder auch ein folgendes Kommando angekündigt werden. Führsignale können ein Schnalzen, Schnipsen oder sonstige Laute sein.

Ein Führsignal wird am besten in einer Umgebung ohne Ablenkung aufgebaut. Dabei steht oder sitzt der Hund vor Ihnen, Sie geben das Signal und sofort bekommt Ihr Hund die Belohnung. Ohne dass er etwas anderes dafür tun musste als Ihnen seine Aufmerksamkeit zu schenken. Diesen Vorgang wiederholen Sie nun 3 bis 4 Mal.

Im nächsten Schritt laufen Sie und Ihr Hund nebeneinanderher. Wieder wird das Signal gegeben und Ihr Hund bekommt sofort seine Belohnung, wenn er Ihnen auf das Signal seine Aufmerksamkeit schenkt. Auch diese Übung wiederholen Sie mehrere Male.

Jetzt sollte der Hund bereits verstanden haben:
Signal ertönt > aufmerksam sein > eine Belohnung folgt.

Der nächste Schritt wäre nun der Aufbau des Führsignals über eine kurze Entfernung von ca. 1 bis 2 Metern. Dazu laufen Sie mit Ihrem Hund zunächst einmal geradeaus. Dann nehmen Sie einen Richtungswechsel vor und bleiben weiter in Bewegung. Beim Richtungswechsel geben Sie das Signal und Ihr Vierbeiner, der Ihnen folgt, bekommt seine Belohnung.

Je häufiger Sie dieses Führsignal mit Ihrem Vierbeiner trainieren, umso zuverlässiger wird er es auch bei herausfordernden Ablenkungen beachten. Da es bei diesem Signal vorrangig um die Erzielung der Aufmerksamkeit des Hundes geht, wird es gern auch Aufmerksamkeitssignal genannt.

10 DIE WERTIGKEIT VON BELOHNUNGEN

Wir alle haben sicherlich schon die Erfahrung gemacht, dass es Leckerlis gibt, für die unsere Hunde fast alles tun würden. Allerdings gibt es auch angedachte Belohnungen, die bei unserem vierbeinigen Begleiter weniger Euphorie hervorrufen. Die Effektivität der Belohnung ist also stark von ihrer Wertigkeit abhängig. Unterschiedliche Belohnungen bieten unterschiedliche Anreize für Hunde und können je nach Situation und Trainingsziel variabel eingesetzt werden.

Hier sind einige Überlegungen und Tipps zur Bestimmung und Anwendung der Wertigkeit von Hundebelohnungen:

1. Extrem hohe Wertigkeit: Das Super-Jackpot-Leckerli

Super-Jackpot-Leckerlis sind besonders schmackhafte, geruchsintensive und selten vergebene Belohnungen, die für Hunde einen extrem hohen Anreiz darstellen. Wachsweiche bis schlabberige Belohnungen, stark riechende, leicht aufzunehmende Leckereien, die speziell in maximal herausfordernden Situationen zur Ab- und Umlenkung zum Einsatz kommen.

Hierbei ist zu beachten, dass die Belohnungsphase, durch weiche Pasten oder flüssige Belohnungen bedingt durch deren zeitlich länger andauernde Aufnahme, verlängert wird. Durch das „Schlabbern" steigt die Wertigkeit der Belohnung, der Hund beglückt sich selbst, Hormone werden ausgeschüttet und es kommt zu positiven Gefühlen wie Zufriedenheit, Stressabbau und Entspannung. Zudem wird das Selbstbewusstsein des Hundes durch die lang andauernde Belohnung ebenfalls erheblich gesteigert.

Ein einfaches Beispiel: Das Schlecken an einer Leberwursttube hat eine höhere Wertigkeit als die Gabe eines Trainingssnacks.

Zu den Super-Jackpot-Leckerlis zählen auch halbweiche (semi-moist) Belohnungen. Ihr Vorteil liegt in der schnellen Aufnahme, die ohne großes Kauen und ohne Ablenkung erfolgt, so dass man schnell mit dem Training fortfahren kann.

Auch in besonders ablenkungsreichen oder emotional schwierigen Situationen funktionieren halbweiche Nahrungsmittel wie Maultaschen oder Pfannkuchen hervorragend als außergewöhnliche Ablenkung. Dies gilt sowohl für Alltagssituationen als auch für besonders stressige Gegebenheiten wie Silvester, Gewitter, Autofahrten oder andere Herausforderungen, die den Hund ängstigen.

Beispiele für Super-Jackpot-Leckerlis sind:

- Angebratene Hühnerherzen, püriert
- Angebratene Leber mit Brühe
- Zerkleinerte Rinderblutwurst mit Brühe
- Angebratene Maultaschen mit Ei
- Kleine Stücke von gekochtem Huhn oder Pute
- Lachspaste oder Leberwurst
- Pfannkuchen
- Popcorn ohne Salz und Zucker, aber mit Butter
- Wiener Würstchen, Käse-Fleisch-Würstchen

Würstchen gehören bei den meisten Hunden zu den Super-Jackpot-Leckerlis.

Anwendung
Diese Belohnungen sind nicht nur außergewöhnlich lecker und selten, sondern stellen für den Fellkumpel den ultimativen Super-Jackpot dar. Diese Leckerlis bieten in schwierigen Momenten einen besonders hohen Anreiz und können effektiv zur positiven Verstärkung und Stressreduktion bei Ihrem Hund eingesetzt werden.

2. Hohe Wertigkeit: Superleckerlis

Auch bei den Superleckerlis sind die halbweichen (semi-moist) Belohnungen einzuordnen. Allerdings können hierzu die im Zoofachhandel erhältlichen weichen Trainingssnacks verwendet werden und man muss nicht auf die Köstlichkeiten des eigenen Kühlschranks zurückgreifen. Auch diese Snacks sollten durch ihre weiche Konsistenz den Vorteil der schnellen Aufnahme bieten und ohne großes Kauen und ohne Ablenkung verzehrt werden können.

Dadurch hat man eine Belohnung, die schnell wirkt, und man kann zügig mit dem Training fortfahren. Sie eignen sich hervorragend für Trainingssituationen, die eine schnell zu verzehrende, sehr wohlschmeckende Belohnung erfordern, wie zum Beispiel bei Agility, Obedience, Dogdance, dem Aufbau von Tricks und vielen anderen Aktivitäten.

Von hoher Wertigkeit sind im Fachhandel erhältliche weiche Snacks in Reinfleisch-Qualität oder Snacks mit zusätzlichen Funktionen, die das Wohlbefinden Ihres Lieblings mit jeder Trainingseinheit stärken. So kombinieren Sie effektives Training mit einer gesunden Belohnung, die Ihrem Hund nicht nur Freude bereitet, sondern auch seine Gesundheit fördert.

Beispiele für Superleckerlis sind:

- weiche, nicht zu große, geruchsintensive Trainingsleckerlis aus dem Fachhandel
- weiche, gut teilbare, geruchsintensive Nahrungsergänzungsmittel

Weiche geruchs-intensive Trainingsleckerlis.

Anwendung
Verwenden Sie Superleckerlis, wenn Sie einen schnell wirkenden Snack für besondere Trainingssituationen benötigen.

Im Handel finden Sie eine große Auswahl an Snacks.

3. Gute Wertigkeit: Standardleckerlis

Standardleckerlis sind schmackhafte Snacks, die für den Hund ansprechend, aber nicht außergewöhnlich sind. Sie sind gut geeignet für das tägliche Training und zum Festigen bereits erlernter Kommandos.

Beispiele für Standardleckerlis sind:

- Handelsübliche Hundekekse
- Kleine Stücke von getrocknetem Fleisch
- Trainingssnacks aus dem Fachhandel

Trainingsleckerlis in Reinfleisch-Qualität.

Anwendung
Verwenden Sie Standardleckerlis für regelmäßige Trainingseinheiten, um die Reaktion des Hundes auf bekannte Kommandos zu verstärken und zu festigen. Sie sind ideal für mittlere bis niedrige Ablenkungen.

4. Niedrige Wertigkeit: Alltagsbelohnungen

Alltagsbelohnungen sind weniger ansprechende Snacks oder auch non-food Belohnungen, die der Hund mag, aber die nicht seine volle Aufmerksamkeit erregen.

Beispiele für Alltagsbelohnungen sind:

- Kleine Stücke von Karotten oder Äpfeln
- Trockenfutter, das der Hund normalerweise bekommt
- Je nach Hund auch Streicheln oder lobende Worte

Anwendung
Verwenden Sie Alltagsbelohnungen für einfachere Übungen und in Situationen mit niedriger Ablenkung. Sie sind ideal, um die Grundkommandos im Alltag zu üben, ohne den Hund zu überstimulieren.

5. Non-Food-Belohnungen: Spiel und Aufmerksamkeit

Nicht alle Belohnungen müssen essbar sein. Viele Hunde reagieren genauso gut oder sogar besser auf Spielzeug, Spiele oder Aufmerksamkeit.

Beispiele für non-food Belohnungen sind:

- Ein kurzes Spiel mit dem Lieblingsspielzeug
- Streicheleinheiten und verbales Lob
- Gemeinsames Spielen oder Rennen

Anwendung
Nutzen Sie Non-Food-Belohnungen für Hunde, die besonders verspielt sind oder in Situationen, in denen Futterbelohnungen unpraktisch sind. Diese Art von Belohnung kann besonders effektiv sein, um die Bindung und das Vertrauen zwischen Ihnen und Ihrem Hund zu stärken.

Belohnungshierarchie und Individualisierung

Jeder Hund hat seine eigenen Vorlieben und Abneigungen, daher ist es wichtig, die Belohnungen individuell anzupassen. Beobachten Sie, welche Leckerlis oder Aktivitäten Ihr Hund bevorzugt und erstellen Sie eine Hierarchie der Wertigkeit. Testen Sie verschiedene Belohnungen und passen Sie Ihre Wahl an die jeweilige Trainingssituation/die jeweiligen Umstände und die Motivation Ihres Hundes an.

Timing

Die Wirksamkeit von Belohnungen hängt aber nicht nur von ihrer Wertigkeit ab, sondern auch vom richtigen Timing und, wie wir bereits gehört haben, von der Konsistenz. Geben Sie die Belohnung unmittelbar und schnellstmöglich nach dem gewünschten Verhalten, um die Verbindung zwischen Aktion und Belohnung zu stärken.

Fazit

Die Wertigkeit von Hundebelohnungen ist ein entscheidender Faktor für erfolgreiches Training. Durch die richtige Auswahl und Anwendung von Belohnungen können Sie das Verhalten Ihres Hundes effektiv beeinflussen und verstärken. Denken Sie daran, dass jede Trainingssituation einzigartig ist und die Präferenzen Ihres Hundes berücksichtigt werden sollte. Mit Geduld, Beobachtung und Anpassungsfähigkeit können Sie ein starkes und positives Trainingserlebnis schaffen, das sowohl Sie als auch Ihren Hund zufriedenstellt.

Auch beim gemeinsamen Spiel mit dem Schnüffelrasen oder anderen Schnüffelprodukten können durch die Variation der verwendeten Leckerlis unterschiedliche Anreize geschaffen werden.

Abwechslung hält das Training interessant und hilft, verschiedene Herausforderungen zu meistern. Indem Sie die Belohnungen variieren und auf die Vorlieben Ihres Hundes eingehen, fördern Sie nicht nur dessen Lernbereitschaft, sondern stärken auch die Bindung zwischen Ihnen und Ihrem vierbeinigen Freund.

Wie wichtig ist die Wahl des Leckerlis?

11 DANKE

Danksagung Martin

Mein großer Dank gilt Petra Krivy, meiner Co-Autorin, die sich mit unermüdlichem Engagement diesem Buchprojekt gewidmet hat. Ohne ihre Unterstützung, ihr Drängen und ihre Motivation wäre dieses Werk nie zum Anfang gekommen.

Von ganzem Herzen möchte ich mich bei meiner wundervollen Frau Brigitte bedanken. Du stehst mir bei all meinen Lebensprojekten treu zur Seite und bist meine größte Stütze. Deine Liebe und Unterstützung bedeuten mir mehr, als Worte ausdrücken können.

In Gedanken bin ich oft bei unserer ersten Familienhündin Josie, die der Auslöser für die Entwicklung unserer Produkte war. Hochmotiviert hat sie immer alle von mir neu entwickelten Produkte auf Herz und Nieren getestet.

Ein besonderer Dank geht an Susanne Mäule, die von Anfang an mich und meine Ideen für die Schnüffelprodukte geglaubt hat. Sie hat mir nicht nur Möglichkeiten zum Ausprobieren gegeben, sondern stand mir auch stets mit Rat und Tat zur Seite. Deine Unterstützung war unbezahlbar.

Danken möchte ich auch Diane und Rene von der Hundeschule Pfotentreff in Olfen. Die Schnüffelpartys bei euch sind etwas ganz Besonderes und machen uns sehr viel Freude. Eure Herzlichkeit und Gastfreundschaft sorgen immer für eine harmonische und angenehme Stimmung. Vielen Dank an Euch für das zur Verfügung gestellte Fotomaterial.

Ein weiteres großes Dankeschön geht an unseren Fotografen Michael Siefert von siefertmedia.com. Deine Liebe zu unseren Produkten und dein Einfühlungsvermögen haben immer die richtige Perspektive gefunden und unsere Arbeit in einem perfekten Licht dargestellt.

Schließlich danke ich Claudia König vom Verlag Müller Rüschlikon von Herzen dafür, dass sie mich ermuntert und mir die Möglichkeit gegeben hat, über mein Herzensthema ein Buch zu schreiben. Die Unterstützung und das Vertrauen in dieses Projekt haben einen Traum Wirklichkeit werden lassen.

Ein herzliches Dankeschön möchte ich auch an Christine Hahn aussprechen. Dieses Buch liegt mir sehr am Herzen, und durch deine einfühlsame Herangehensweise ist es dir gelungen, die richtige Stimmung auf jeder Buchseite zu erzeugen. Deine Gestaltung bringt die Emotionen, die dieses Werk transportieren soll, auf wunderbare Weise zum Ausdruck.

Herzlichen Dank an unser Team. Ihr haltet mir stets den Rücken frei, sodass es mir möglich ist, meine Visionen zu verwirklichen. Ich bin sehr dankbar, solch ein zuverlässiges Team an meiner Seite zu haben.

Danke an euch alle.

Danksagung Petra

Wieder ist ein Manuskript vollbracht und vielen gilt ein herzlicher Dank, da ohne sie, die Helfer und Helfershelfer, die „Geburt“ eines Projekts gar nicht möglich ist!

Brigitte und Martin, Euch danke ich, dass Ihr mein beharrliches Drängen nicht übel genommen habt, stattdessen mich auf das Abenteuer Schnüffelbuch mitgenommen habt. Es war eine schöne und angenehme Reise!

Claudia, Dir danke ich für die – wie immer! – fast freie Hand bei der Umsetzung von Ideen und dem Glauben daran.

Michaela und Kerstin gebührt ein ganz dickes Danke für die Erstellung der lustigen Filme und Fotos. Und danke natürlich auch an Udo für das Interview. Das alles bereichert unser Buch!

Vielen Dank an meine tollen Kunden vom Tatzen-Treff, die immer so wichtiges Feedback geben!

Asha bekommt wie immer ein großes Leckerchen als Dankeschön, denn sie lässt mich, egal wann, wo und wie, in Ruhe arbeiten und nimmt sich zurück, wenn ich am Laptop sitze. Die beste Arbeitskollegin überhaupt.

12 LITERATUREMPFEHLUNGEN BILDNACHWEIS ADRESSEN DER AUTOREN

LITERATUREMPFEHLUNGEN

Petra Krivy/Udo: Gansloßer:
Mein Hund hat Angst
Verlag Müller Rüschlikon
Stuttgart, 2024

Petra Krivy/Udo Gansloßer:
Mein Hund hat Stress
Verlag Müller Rüschlikon
Stuttgart, 2021

Petra Krivy/Udo Gansloßer:
Verhaltensbiologie Hund – Praxisbuch
Kosmos Verlag
Stuttgart, 2019

Petra Krivy:
Lernen mal anders
Verlag Müller Rüschlikon
Stuttgart, 2020

Petra Krivy:
1 Hund und 1000 Fragen
Verlag Müller Rüschlikon
Stuttgart, 2021

Petra Krivy:
Graue Schnauzen
Filander Verlag
Fürth, 2021

Katrien Lismont:
Ums Eck gedacht
Kynos Verlag
Daun, 2019

Brigitte Rauth-Widmann:
Die Sinne des Hundes
Kosmos Verlag
Stuttgart, 2014

BILDNACHWEIS

Stephen Andrews pexels: S. 59, **angie525a piqs:** S. 129, **Stefan Bayer/pixelio.de:** S. 97, **Kerstin Bohnenkamp:** S. 16, **Akiko Cambell pixabay:** S. 72, **Melanie Drecker:** S. 68, 133, **Barbara Eckholt:** S. 26, **Petra Fiedler:** S. 40, **M. Großmann/pixelio.de:** S. 95, **guvo59 pixabay:** S. 96, **Eugen Haug/pixelio.de:** S. 73, **Lothar Henke/pixelio.de:** S. 104, **Gerald Pixabay:** S. 25, **Frank Kauffeldt:** S. 46, 85, 100, **kdzwoneg pixabay:** S. 44, **Petra Krivy:** S. 38, 41, 84, 103, **Michaela Liesen:** S. 81, 82, 100, 101, 102, 105, 106, 107, 108, 109, 136, **Simone Prosser:** S. 70, **pug1810 pixabay:** S. 56, **©RedThinkHead/ shutterstock.com:** S. 94, **Rike/pixelio.de:** S. 110, **Klaus Steves/pixelio.de:** S. 22, **Jan Tornack/pixelio.de:** S. 92, **Daniel Zdziebko/pixelio.de:** S. 70, **Arunas Gabalis/ shutterstock.com:** S. 137, **Neil Lockhart/shutterstock.com:** S. 134, **Anna Averianova/ shutterstock.com:** S. 138, **eva_blanco/shutterstock.com:** S. 139

Das Videomaterial in Kapitel 4.4. stammt von **André Vogt.**

Es sind einige Fotos aus dem Knauder-Archiv und von zufriedenen Kunden, die wir hier nicht namentlich genannt haben. Wir danken herzlich für die Bilder mit unseren Produkten.

Alle übrigen Fotos sowie die Video-Clips stammen von **Michael Siefert, Siefertmedia.**

ADRESSEN DER AUTOREN

KNAUDER´S BEST
Mollenbachstr. 33-35
71229 Leonberg
Telefon: +49 711-888 278-69
Telefax: +49 7152-909 5391
E-Mail: kontakt@knaudersbest.com
www.knaudersbest.com

Besuchen Sie uns auf www.knaudersbest.com

Schreiben Sie uns gerne. Wir freuen uns auf Ihr Feedback.

Hundeschule Tatzen-Treff
Petra Krivy
Zur Grube 2
57399 Kirchhundem
Telefon: +49 2764-7706
Telefax: +49 2764-7706
E-Mail: info@tatzen-treff.de
www.tatzen-treff.de

Besuchen Sie uns auf www.tatzen.treff.de

Folgen Sie uns für mehr Infos zu unseren Hundebüchern auf:

www.instagram.com/muellerrueschlikon.hund
www.facebook.com/muellerrueschlikonverlag

Müller Rüschlikon

WEITERE INTERESSANTE BÜCHER AUS DEM HUNDE-PROGRAMM

Petra Krivy
Ein Hund und 1000 Fragen
Basics für frischgebackene Hundehalter
160 Seiten, 126 Bilder
ISBN 978-3-275-02244-1
€ 19,95 / € (A) 20,60

Susanna Simon / Christina Bleßmann
Go. Find. Folge der Freude Mantrailing – Das Ausbildungsbuch
192 Seiten, 158 Bilder
ISBN 978-3-275-02243-4
€ 24,90 / € (A) 25,60

Monika Schaal/Petra Rammelsberger
Bodenarbeit mit Hunden
Übungen für Koordination, Konzentration und Vertrauen
96 Seiten, 82 Bilder
ISBN 978-3-275-02158-1
€ 11,95 / € (A) 12,40

Petra Krivy/Udo Gansloßer
Mein Hund hat Angst
Skepsis, Unsicherheit und Furcht verstehen und meistern
160 Seiten, 122 Bilder
ISBN 978-3-275-02309-7
€ 24,90 / € (A) 25,60

Alexandra Roth
Agility
Der fundierte Aufbau für Freizeit und Turnier
208 Seiten, 403 Bilder, 50 Illustrationen
ISBN 978-3-275-02187-1
€ 24,90 / € (A) 25,60

Constanze Zilles
Rally Obedience
Grundlagen, Schildersammlung, Trainingstipps
96 Seiten, 80 Bilder
ISBN 978-3-275-02202-1
€ 11,95 / € (A) 12,40

Änderungen in Preis und Lieferfähigkeit vorbehalten.

Überall, wo es Bücher gibt, oder unter
www.mueller-rueschlikon.de
Service-Hotline: 0711 / 78 99 21 51

Müller Rüschlikon